纺织服装高等教育“十二五”部委级规划教材

成衣板型设计·外套篇

Chengyi banxing sheji waitaopian

丛书主编　徐　东
编　　著　于晓景

東華大學出版社

内容提要

书中系统介绍了服装企业成衣板型设计部门职能及其工作流程、外套的廓型及成衣规格、外套板型设计方法、工业样板制作及排料技术。针对服装企业成衣产品设计与开发的任务要求，结合外套板型设计实例，详述了企业依据来样、订单或设计效果图、产品图片制作、外套工业样板的操作方法与步骤。通过讲述外套样衣试制的技术要领，详解了外套缝制工艺流程。最后，还为读者提供了时尚经典的外套板型设计范例，增加了板型应用方面的知识。

图书在版编目（CIP）数据

成衣板型设计·外套篇/徐东主编；于晓景编著.
—上海：东华大学出版社，2013.6
ISBN 978-7-5669-0126-2
Ⅰ.①成… Ⅱ.①徐… ②于… Ⅲ.①外套—服装设计 Ⅳ.①TS941.2
中国版本图书馆CIP数据核字（2012）第189189号

责任编辑：马文娟
责编助理：李伟伟
封面设计：孙 静

出 版：东华大学出版社（上海市延安西路1882号，200051）
本社网址：http://www.dhupress.net
天猫旗舰店：http://dhdx.tmall.com
营销中心：021-62193056 62373056 62379558
印 刷：苏州望电印刷有限公司
开 本：889×1194 1/16
印 张：10.25
字 数：361千字
版 次：2013年6月第1版
印 次：2013年6月第1次印刷
书 号：ISBN 978-7-5669-0126-2/TS·345
定 价：32.00元

前言

随着世界服装行业信息化、集群化、市场化、网络化的程度日益提高，现代服装企业的成衣设计竞争更是日趋激烈，国内服装企业也在发展中逐步由代工生产转向自主开发、由贴牌转向创建品牌。近年来，服装产业升级对掌握新工艺、新技术的服装专业人才的需求不断上升，对入职者的适岗能力提出了更高的要求。因此，服装高等教育模式、教学内容和方法也需要面向行业及时调整、改革与创新。

成衣板型设计是服装设计的关键环节，也是服装设计教学的主要内容。服装板型设计决定了服装的造型、结构与品质，是服装从立体到平面、从平面到立体转变的关键，也是服装裁剪与缝制工艺的技术保障，设计的美感、独创性的思维与丰富的形象表现力，需要服装结构与工艺设计来表达。因此，只有当服装设计人员具有较高的艺术素养和对服装结构、工艺设计的充分理解，才能将服装设计艺术表达极致。

在与服装企业合作成衣设计开发和工作室制教学改革实践中，我们重新梳理了服装设计教学体系，将理论与应用结合、设计与市场结合的理念付诸实践。针对服装企业成衣设计开发的工业化、批量化、标准化特点，培养学生的职业性信息判断、吸纳和整合优化能力，深化对现代成衣设计功能的理解，把企业的工作标准规范如：设计程序规范、打板的尺寸与标准规范、生产图标准、工艺制作中的量化质量要求等，作为教学和实训的标准。让学生了解企业的设计程序、设计规范等；按企业的设计和生产单进行产品开发的方案策划、产品设计、结构图和工艺单制作实训，强调实用性，具有创意性，提高学生应用与创新设计能力。

这套《成衣板型设计》丛书由天津工业大学徐东教授主编并统稿，分别为《成衣板型设计 · 连衣裙篇》《成衣板型设计 · 外套篇》《成衣板型设计 · 裤装篇》等等。

本册《成衣板型设计 · 外套篇》由天津工艺美术职业学院于晓景老师编著。书中系统介绍了服装企业成衣板型设计部门及其工作流程，介绍了外套的廓型及成衣规格；外套板型设计方法；工业样板制作及排料技术。针对服装企业成衣产品设计与开发的任务要求，结合外套板型设计实例，详述了企业依据来样、订单或设计效果图、产品图片制作外套工业样板的操作方法与步骤。通过讲述外套样衣试制的技术要领，详解了外套缝制工艺流程，最后，还为读者提供了时尚经典的外套板型设计范例，增加了板型应用方面的知识。

全书图文并茂，文字简练，范例经典，既有理论分析，又有操作实例，具有较强的可读性、实用性、技术性和前瞻性，可为从事成衣设计与生产的技术人员与服装专业教学人员提供一定的参考。书中对于成衣板型结构设计制图和缝制工艺步骤简述要领，图示关键部位、关键步骤，更适合于有一定服装制作基础的读者，由于书中图例较多，源自不同服装企业的技术文件的不统一，书中难免有疏漏之处，诚请广大读者、同行提出宝贵意见。

徐　东

目 录 CONTENTS

第一章
成衣企业板型设计部门——板房

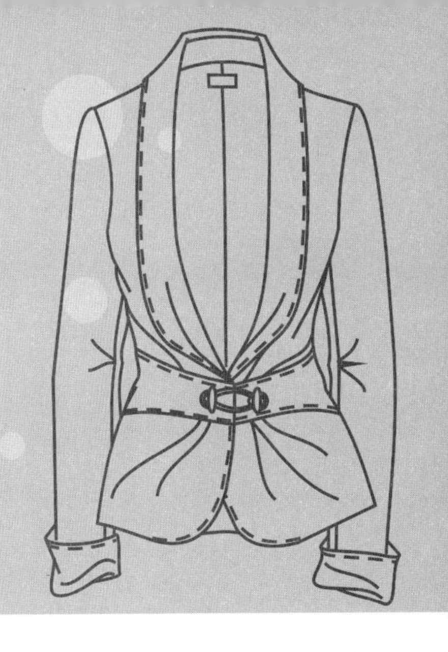

板房是服装生产企业的一个重要的技术部门，主要负责成衣生产中所需要的服装板型设计、推板等工业生产系列样板的制作和样品试制等工作，习惯上称之为板房，有些企业称之为技术部。

第一节　板房在服装生产中的作用

一、成衣企业组织职能架构

服装企业组织机构的设置，因企业规模和经营方式的不同而有所区别。服装企业按生产性质和规模划分，主要有集设计、生产、营销于一体的品牌运作型企业，外贸加工型企业和贴牌加工型企业，以及中小产销型企业。

大、中型自主品牌企业一般主要包括产品设计部、生产部、营销部和管理部，各部门设置齐全，分工明确，板房隶属于设计部，如图 1–1 所示；加工型企业和中小产销型企业各部门设置相对简单，但多数人员需要身兼数职，如图 1–2 和图 1–3 所示。

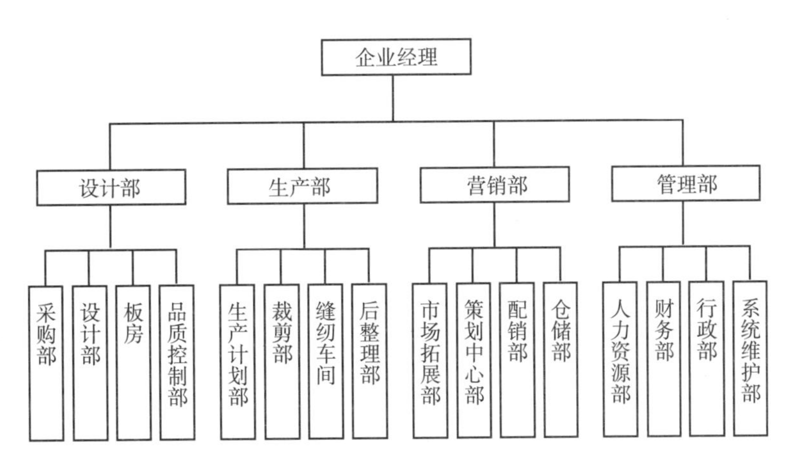

图1–1　大中型自主品牌企业组织架构图

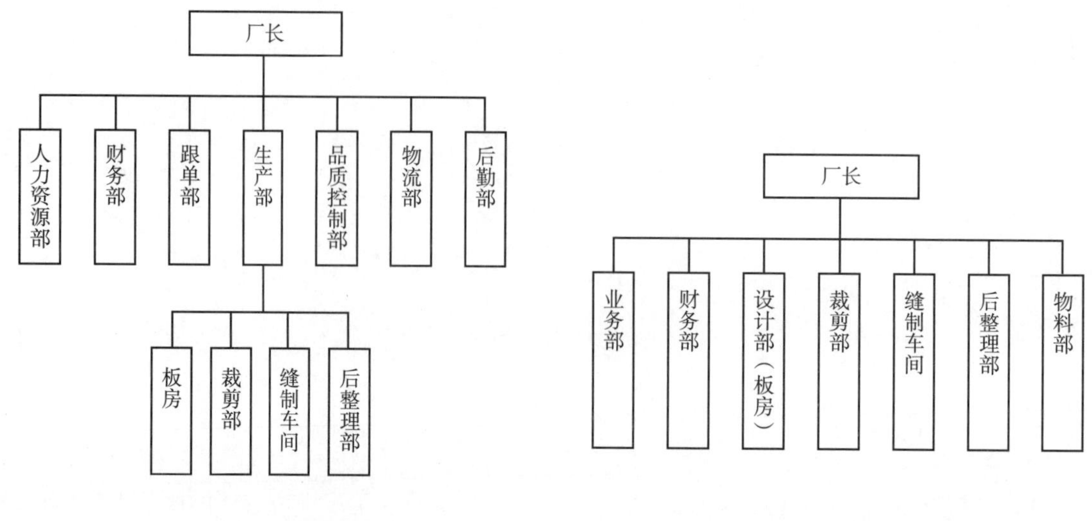

图1–2 加工型企业组织架构图

图1–3 小型产销型企业组织架构图

二、板房组织结构图

板房由板房主管负责，按照各自在服装工业生产中的具体职责，下设打板师、推板师、工艺员、样衣工、样板复核员、样板样衣管理员等不同岗位，如图 1–4 所示。在有些小型企业中，样板复核员由工艺员兼任，样板样衣管理员也由工艺员兼任。

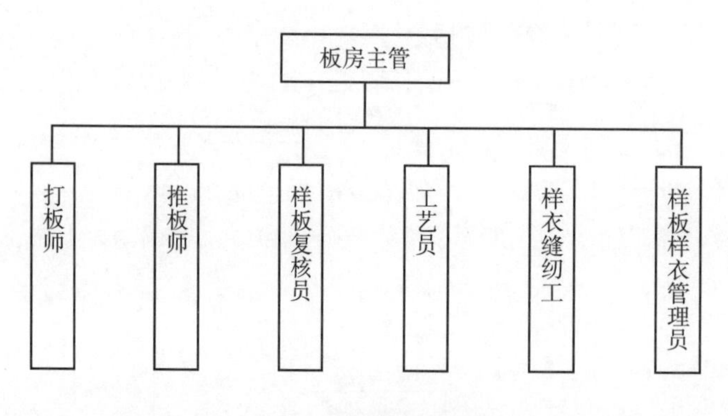

图1–4 板房组织结构图

三、板房在服装生产中的作用

板房在服装企业中是一个重要的技术部门，它的作用贯穿于整个服装生产过程。在服装产品企划阶段，配合设计师收集各类服装流行信息及情报，配合设计师、采购人员选择面料样品，进行面料性能测试，如缩水率、缝缩率等；在服装样衣试制阶段，确定产品规格，试衣样板的绘制，制定样衣缝制工艺说明书；在样衣评估分析阶段，与设计师、销售人员一起进行试穿评估，修正样板，调整样品，计算用料，与设计师、供应人员配合进行成品核算；在生产准备阶段，制定绘制工业生产系列样板；在生产阶段，配合车间参与现场技术指导，生产中产品质量检查；在成品检查阶段，配合质检部门参与外观质量检查，规格尺寸检查等。

第二节　板房岗位及职责

一、板房职能

从服装企业的组织机构中可以看到，板房是服装工业生产过程中一个不可缺少的部门。在产、销一体的服装品牌运作型企业中，板房与设计部门是密切的“合作伙伴”，共同参与产品开发。产销型服装品牌企业的产品开发工作流程一般如图1-5所示。有些中小型企业把设计部与板房合二为一。在服装企业运营中，新产品开发过程中的样板制作及成本核算所需的资料都由板房完成。在生产样板确认之后，打板师需进行推板工作，并制作出整套工业样板，以供生产使用。

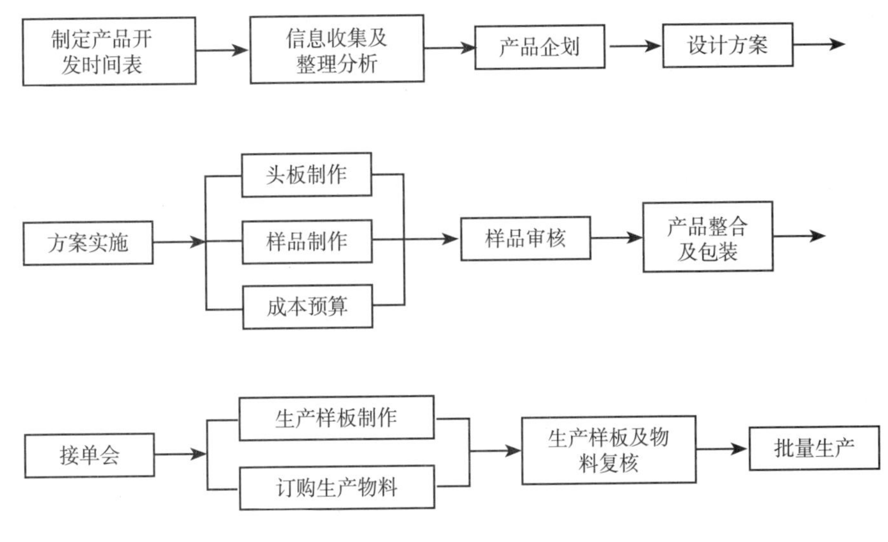

图1-5　产品开发流程图

在外贸加工型企业，一般设计部门、板房与跟单部（业务部）是密切的“合作伙伴”。有些中小型加工企业，不设跟单部，跟单员编制归板房。跟单员收到制版通知单后，先制订制版计划，然后通知板房按规定的时间制版，板房制好样品后、先经企业内部审批确认，经确认合格后，由跟单员将样品寄给客户；若内部确认不合格，则需重新制作。

可见，不论在产销一体的自主品牌企业还是外贸加工型企业，板房都是服装生产机构中的重要技术部门，它负责制版、样品试制、推板、工艺设计和劳动定额设定（工分）等相关生产技术资料的准备以及为服装批量生产提供技术指导。

二、板房岗位描述

板房由板房主管负责，按照各自在服装工业生产中的具体职责，下设打板师、推板师、工艺员、样衣工、样板复核员、样板样衣管理员等不同岗位。

板房主管负责板房的全面工作，包括内部分工和技术监督、指导以及和相关部门的沟通。

打板师负责新产品母板的制作及样品的确认工作；

推板师负责根据确认后的母板制定规格档差并进行推板；

工艺员负责工序分析，编制生产工序流程图，制定各工序的劳动定额等各项技术文件；

样衣工负责样品的试制工作；

样板复核员负责复核生产所需的全套工业样板；

样板样衣管理员负责样板和样衣的保管，并建立使用记录和存档档案。

三、岗位工作职责

1. 板房主管

板房主管应具有丰富的生产实践经验，熟悉制版、推板技术，掌握缝制工艺技术及工艺流程，能够快速接受和应对新产品、新款式、新材料和新工艺的技术要求。板房主管的岗位职责如下：

（1）接受上级或相关部门下达的任务，并做好板房内部的任务分派。

（2）做好与相关部门的协作和沟通工作。

（3）考核下属的工作绩效。

（4）解答或协助解决下属各岗位工作中遇到的疑难问题，并对下属和相关生产部门进行必要的技术指导。

（5）负责样品的审查和工业样板、工艺单、劳动定额的复核。

（6）与设计部门或跟单部门一起进行样品确认。

2. 打板师

打板师应对服装结构设计原理有深刻地认识，具备一定的审美能力和服装立体造型能力，熟悉缝制工艺，善于把握不同面料对板型的影响，有较强的责任心。打板师的岗位职责如下：

（1）分析款式图或客户的来样，研究材料、款式造型、规格尺寸和工艺要求等，制作母板。

（2）做好样板审核工作，样板上文字标注齐全后，交样板管理员登记。

（3）跟进样品的试制与确认情况。

（4）根据样品确认的反馈信息进一步校正纸样，并制作配套的大货生产工艺样板。

（5）服从主管安排，完成主管交办的临时性工作。

3. 推板师

推板师应对服装结构设计和推板原理有深刻地认识，熟悉服装规格系列、规格档差和缝制工艺，工作细心，责任心强。在传统的服装生产中，制版与推板工作都由打板师手工完成。随着服装CAD系统的推广与应用，有些企业把制版与推板工作分开，采用手工绘图制版，利用服装CAD系统进行推板与排料。推板师的岗位职责如下：

（1）领取母板纸样。

（2）根据生产制造单分析款式图特点和规格尺寸，制订规格档差。

（3）利用数字化仪（读图仪）将母板纸样输入电脑。

（4）在电脑上推板、排料，并保存文档。

（5）将母板纸样返还样板管理员。

4. 样板复核员

熟悉制版、推板技术，掌握缝制工艺技术及工艺流程，工作细心，责任心强。样板复核员的岗位职责如下：

做好工业样板的各项复核工作，及时与板师沟通，做好反馈记录，最后交样板管理员登记（小型板房也可由板房主管兼任）。

5. 工艺员

工艺员应熟悉服装缝制工艺，并且有丰富的服装工业化流水线生产安排的实践经验，熟悉服装工艺要求和质量标准，了解制衣设备，懂得工序分析和工时测试方法。板房工艺员的岗位职责如下：

（1）配合打板师做好新面料的缩水率、热缩率等性能指标的测试。

（2）参与样品试制，观察缝制方法，测定工时。

（3）根据确认样品和制造通知单认真进行工序分析，编制生产工序流程图，设定各工序的加工单价（即劳动定额设定，有些企业由专人负责）。

（4）了解缝制车间的执行情况，对工序划分与工时定额的合理性进行分析和总结，并及时反馈给上级主管。

（5）做好技术文件的分派、归档和保密工作。

6. 样衣缝纫工

样衣缝纫工应具备娴熟的缝制技巧，善于分析来样的工艺技术要求、设备要求和加工方法，责任心强，工艺质量好。板房样衣缝纫工的岗位职责如下：

（1）认真分析工艺单和客供样品的要求，了解产品特点。

（2）审核清点各部件材料，不符合工艺单要求不准制作。

（3）精工细做，保质、保量、保时，达到预期的工艺质量和设计效果。

（4）配合工艺员做好工时测定工作。

（5）及时反馈制作中所遇问题，包括材料的利用是否正确、纸样是否存在缺陷等。

（6）服从主管安排，完成主管交办的临时性工作。

7. 样板样衣管理员

样板样衣管理员对服装生产应有较为全面地基本认识，责任心强，有较好的协作精神。样板样衣管理员的岗位职责如下：

（1）负责样板、样衣的保管，做好存取记录。

（2）持工艺单到仓库领取各种生产所需材料（有些企业板房规模较大，款式多，样板与样衣的存取工作量大，设专人负责）。

（3）裁剪面、辅料供缝纫技工缝制等（有些企业板房规模较大，款式多，面辅料裁剪工作量大，设专人负责裁剪）。

第三节 板房的工作流程

一、板房的工作流程

板房的工作按客户的要求一般分为按效果图或照片制版、按制单制版、按样衣制版、按样衣和制单制版几种形式，无论哪种形式，制版的工作流程基本上是一致的。

板房的工作从领取任务后便开始，首先根据客户的要求确定基础规格、样板规格和打板码，选择适合的制版方法，打板后进行样品试制，依据样品效果，往往需经过修板后再次进行样品试制，先由企业内部确认，最后经过客户确认后，再进行生产样板的制作，以及推板和排料等各项工作，如图1-6所示。

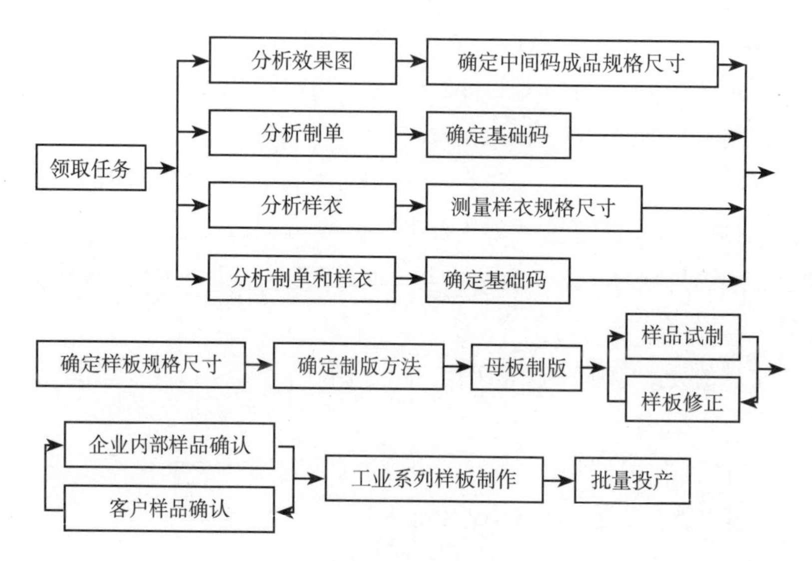

图1-6 板房工作流程图

二、制版与样衣制作流程

1. 确定基础规格

按制单制版时，通常制单中有多个规格（码），所以首先要确定试制样品的规格，然后以该码样板为母板推放出其他各码样板。有时制单中已规定试制样品的规格，则必须按制单规定制作样板，不能自行确定基础码。

基础码样板须经样品试制并进一步校正后，才可用于推放其他码的母板。为了在推板过程中最大限度地减少误差，一般选中间码作为基础码，这是因为由中间码向两边推板，要比从一端向另一端推板所经过的距离短，误差出现几率小。但在实际生产中，有时亦以各码的生产数量的多少来确定基础码。假设生产任务见表1-1，则常以M码为基础码，这样可降低大多数产品出现误差的可能。

表1-1 服装生产任务

尺码	S	M	L	XL	XXL
数量（件）	500	1200	800	200	100

2. 确定样板规格尺寸

一般制单所给出的是成品规格尺寸，考虑到面料的缩水率、热缩率和缝缩率等，制版前需将成品规格尺寸加上缩率换算出样板应有的尺寸，再按样板尺寸进行制图打板。成品洗水的服装在样板制作中，缩率是必须考虑的一环。一般情况下，主要考虑缩水率的影响。若材料经过缩水后再投产，则可直接按成品规格尺寸进行制图打板。

3. 样品试制

根据基础码样板进行排料、裁剪，并严格按照工艺要求制作出实样，这个过程称为样品试制。对产销型服装企业来说，样品试制是产品开发过程的必要环节，它为决定该款投产与否提供决策依据。产销型企业的样品试制可分头板试制、接单板试制和生产板试制。对加工型服装企业来说，进行样品试制，一方面是应客户要求，另一方面是企业明确和熟悉加工要求的最好途径。通过样品试制，可以检验基础码样板，确定和设计与来样相符的面料、里料和辅料，测定材料用量，确定规格尺寸和加工工艺流程，测定工时和相关的工艺技术参数等。

4. 样品确认

对试制出的样品进行检查，称为样品确认。主要检查样品整体效果是否达到要求，规格尺寸是否准确，工艺质量是否符合要求，材料的使用是否正确等。产销型企业的样品确认，一般由营销部门、生产部门和设计部门一起进行。加工型企业的样品确认，需先在企业内部进行认可，然后交由客户确认，在客户提出确认意见后，才可进行下一步的生产活动。

5. 样板校正

打板师根据样品确认书所提出的要求对样板进行修改、校正，然后根据所需规格进行推板。有时可能要进行多次的样品试制、样品确认和样板校正。

三、CAD推板工作流程

推板又称放码，是指以经过校正后的样板为母板推放出其他规格样板的过程。在传统的服装生产中，制版与推板都是由打板师一人完成。随着服装 CAD 技术的推广与应用，许多企业的技术部门已经开始利用计算机、读图、绘图等设备，完成服装设计、制版、推板全部工作。也有部分企业把制版与推板工作分开进行。一般先由打板师采用手工制作基础板（母板），再由服装 CAD 技术人员（推板师）进行电脑放码与排料。

按照制单制版时，制单中一般已有规格系列的要求，只需计算出各号规格之间的档差，把它们按照一定的规律分配为各个部位档差，并且每块样板需确定一个基准点后才可进行推板；按效果图或样衣制版时，需要先在母板规格的基础上，参照服装号型标准推算出各个规格之间的档差，确定规格系列表，而且规格系列表必须经过客户确认后，方可进一步推算各部位档差，并确定基准点后进行推板，即系列生产样板的制作工作。

四、CAD排板工作流程

排板是指根据生产的需要，用已经确定的成套样板，按一定的号型搭配和技术标准的各项规定，进行组合套排或单排画样的过程。

排板是服装产品成批生产中最重要的一个技术环节，排板是否正确与合理直接影响到产品质量以及用料的成本等一系列问题，因此丝毫不可马虎，否则会带来不可弥补的损失。因此，排板前必须对产品的设计要求和制作工艺了解清楚，对使用的材料性能特点有所认识。排板中必须按照排板的技术要求，合理利用各种排板的工艺技巧，按照制单中生产数量的要求，合理搭配进行套排的规格和件数，最大限度地节约用料，降低生产成本。

五、工艺指导书制作与使用流程

在服装生产过程中，由于专用机器设备和劳动分工的不同，服装产品生产过程往往分成若干个工艺阶段，每个工艺阶段又分成不同的工种和一系列上下联系的工序。工艺指导书的制作就是指根据经客户确认的样品和制造通知单认真进行工序分析，将产品的加工过程，划分为若干独立的最小操作单元，编制生产工序流程图，设定各工序的加工单价和劳动定额，以及单件包装和整体装箱的要求。

工序分析是否合理，将直接影响生产效率和产品的质量。工序分析的方法和步骤一般包括：划分最细工序、确定工序的技术等级、确定机器设备的配置和确定劳动定额。通过绘制工序流程图，可以使作业人员快速了解产品的整个生产过程，明确自己担任的工作内容。工序流程图包括衣片部件工序流程分析和整件服装工序流程分析图。

第四节　板师的职业素质要求

板师不仅要做出好的板型，保证服装产品的品质，又要综合考虑各方面的因素，尽量地节省成本，这是企业追求的目标。通常制版前，板师要做大量的准备工作，如生产工艺对款式影响的预测、生产成品与样衣或效果图可能出现问题的预测、征询客户的认可度、征求上级主管的意见、与其他部门的沟通等。因此，板师应具备一定的职业素质和专业技术综合能力。

一、具有良好的程序性工作能力

熟悉新产品开发的全过程，熟悉板房的工作流程，具备良好的沟通能力，明确任务，方法得当。

二、熟悉本工作的相关知识

要求板师具有对流行的敏感性和分析能力，第一时间把握市场，特别是要熟悉流行的新材料（包括面料和辅料），以及新的加工工艺方法。

同时，打板师要对面辅料的价格、计件工资费率、生产数量、品质要求、交货期等相关因素有所了解，具有成本分析的能力。

成本分析是指打板师在有限的范围内要做的成本比较。例如，为了省料而把样板进行分割处理，虽然节省用料，但由于多了缝制工序而增加了加工成本和延长了生产时间，这就需要对所省用料的成本和增加的加工成本进行分析比较。

三、具备过硬的制版技术

能够根据不同的要求选择合适的制版方法，准确地把握服装的整体造型比例，准确处理服装结构的关系，以及各部位的规格尺寸。

四、具有较好的服装欣赏能力

制版是把设计师设计的三维立体款式造型分解成二维平面纸样的过程，这就要求打板师除了需对服装结构设计原理有深刻地认识之外，还应有较强的审美能力，这样才会更好地理解设计师的设计意图，合理把握服装的整理造型、结构、比例以及细节结构的处理，使样板更为完美。

五、熟悉原材料的性能

面辅料的性能、质地、缩水率等对样板的制作有直接影响，在制版前了解将投产的面辅料的性能，将有利于制版的进行和保证样板的质量。

六、具备较好的缝制工艺基础

不同的服装品种的缝制工艺是各不相同的，不同的缝型要求不同的缝份。若打板师对生产工艺（尤其是缝制工艺）较为熟悉且有技巧，在样板制作时会考虑得更为全面，会结合生产工艺对样板进行处理，以便于生产的进行，减少缝制的难度和返工率，缩短加工时间，从而降低生产成本。因此，作为一名称职的打板师，应对具备较好的缝制工艺基础。

思考题：

1. 板师的职业素质要求是什么？
2. 板房的工作流程是什么？

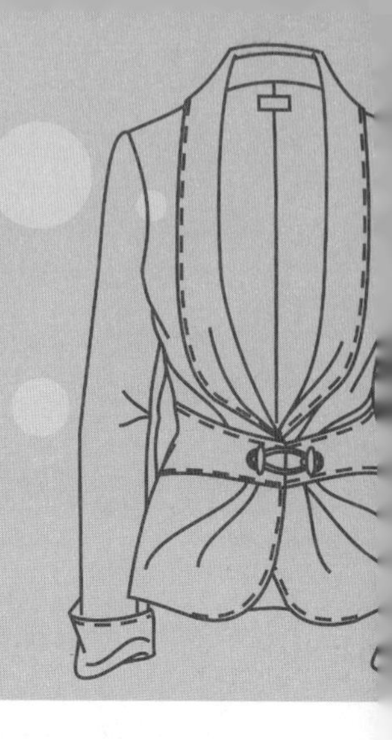

第二章 外套板型设计概述

外套是人们在秋冬季节必须穿用的服装类型，防尘、防雨、防寒是产品必须具备的实用功能，流行元素也是此类服装不可或缺的艺术语言。外套就着装状态而言具有其他类型服装所不具备的实用功能和特性：廓型风格与搭配服装及配饰的协调性、板型构成形式与内置组合服装结构的适应性、塑造廓型与选择材料质感的可塑性等等，这些特性在外套板型设计过程中自然成为决定外套廓型风格以及板型构成形式的重要因素。外套的板型设计，一方面服装廓型要着力表现整体创意风格；另一方面板型构成形式与内置组合服装结构必须达到整体协调统一。总而言之，外套对人体形态构成了高度概括这一特性为设计师追求服装创意提供了丰富的想象空间，诸多元素相互烘托、相互协调表现创意主旋律是外套板型设计追求的最高境界。

第一节 外套特征及分类

一、外套廓型分类及特点

服装廓型是表达服装形式美的设计语言，所谓外套廓型设计就是追求外套外观形态所呈现的多种造型效果。具体地说是设计师赋予外套廓型创意时尚元素，令艺术与功能相融合，设计出表现款式廓型创意的板型构成形式，在人体肩、胸、腰、臀部位之间采用直线、弧线、直线弧线组合等多种几何形态概括服装廓型，其中包括：上窄下宽的梯形、上下近似相等的箱形、上宽下窄的倒梯形、蓬松的郁金香形等等，这些经典廓型设计不论传统还是现代尤其各具魅力备受时尚界推崇。

以下介绍几种常见的外套廓型，其中包括H型、X型、A型、Y型。

1. 直筒形

直筒形即H型，也称“箱形”。服装外观形态概括呈现直筒廓型，可与多种服装廓型组合搭配，属于无性别廓型结构，也可以称之为 “混搭型”结构。外形端庄大方、穿着舒适随意，适宜塑造职业型、时装型或休闲型等多种外套风格。面料材质可根据着装环境进行多种选择，例如：棉、毛、化纤、皮革、异型纤维等等。但是，从廓型可塑性考虑应该避免采用面料质地轻、薄、软造型能力弱的类型，例如：绸、绢、纺等(图 2-1a)。

2. 钟形

钟形即X型，也称“沙漏形”。服装外形顾名思义，是源自于欧洲文艺复兴时期女裙装的廓型创意，其造型完美、线条舒缓流畅，以最能体现女性之魅力成为经典。板型结构采用省道与结构分割线组合的表现形式，使之达到特别强调胸、腰、臀曲线变化的钟形外观效果，是非常适宜塑造时装型、职业型女装外套的服装廓型（图 2-1b）。

3. 喇叭形

喇叭形即 A 型，也称“梯形”。服装外观形态概括上窄、下宽呈现喇叭型。肩部结构服帖，胸部以下结构根据廓型创意适度加放“褶量”“宽裕量”，或下摆附加“花边”“带襻”等装饰物，进一步强调“A”字廓型特点。另外，腰部结构可以腰带组合的表现形式在 X 型和 A 型之间变换廓型。服装外形时尚、俏丽，穿着舒适、蓬松最适宜与紧身、半紧身结构的时装组合搭配，倍受时尚女性钟爱（图 2-1c）。

4. 倒梯形

倒梯形即 Y 型，服装外观形态概括上宽、下窄呈现倒梯形，设计灵感源自于男式休闲西装。肩部立体、夸张，臀部服帖、内敛，二部位形成鲜明对比。服装整体结构多采用直线分割形式，以达到简洁、洗练、现代的廓型效果。非常适宜塑造都市风格的职业型、休闲型外套风格，属于无性别“混搭型”结构形式（图 2-1d）。

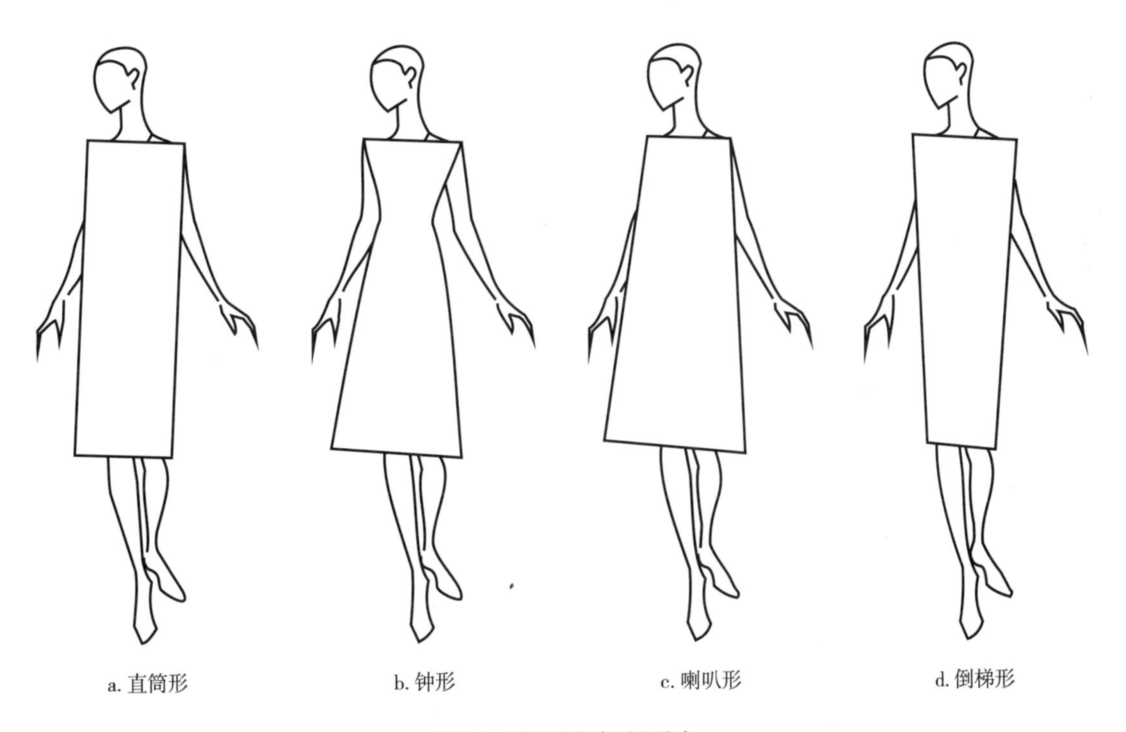

a. 直筒形　　b. 钟形　　c. 喇叭形　　d. 倒梯形

图2-1　常见外套廓型及特点

二、外套长度分类

外套长度部位包括衣长和袖长。衣长处于人体躯干的主要位置，起到保护身体、装饰仪表的作用。外套衣长规格主要由款式决定，具体定位以腰节线至髌骨作为参考定位范围，根据类型可划分为：长外套、中长外套、短外套、套装外套；外套袖长规格以腕关节作为参考位置，根据款式可划分为：中袖、长袖（图 2-2）。

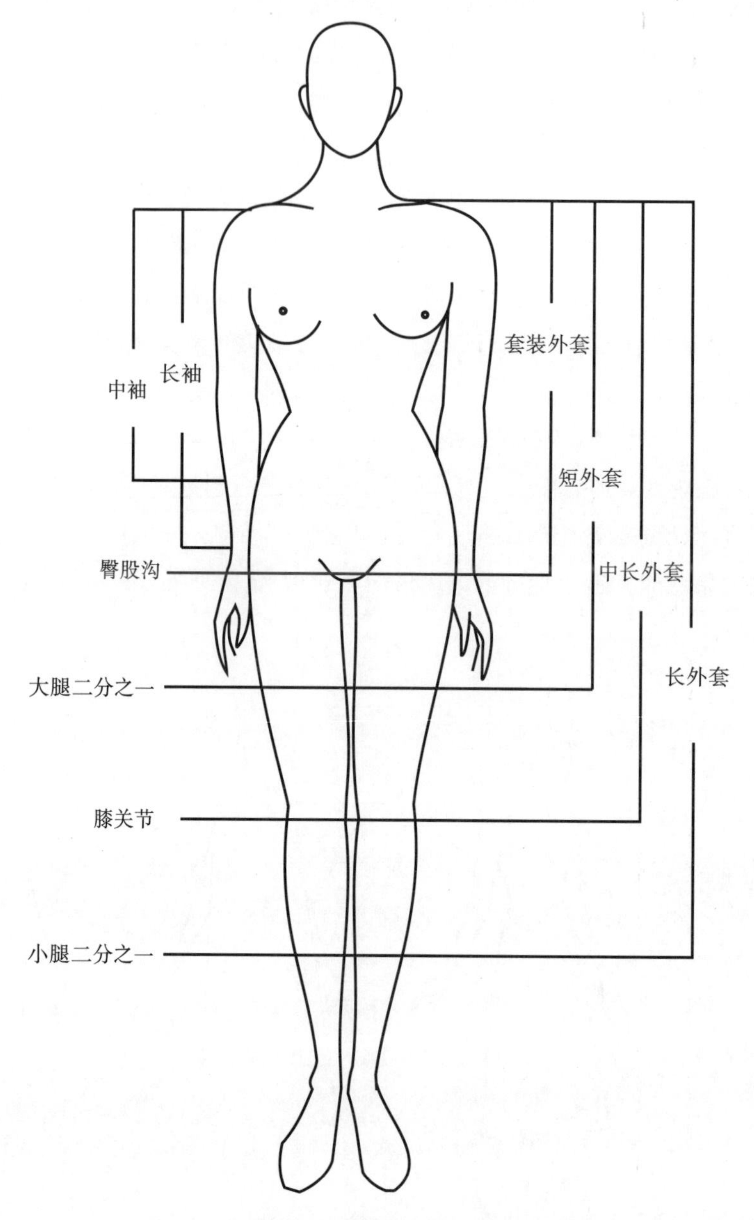

图2-2　外套衣长、袖长分类

(一)衣长分类

1. **长外套**:适宜在秋冬季节穿用的外套类型,衣长定位:小腿二分之一至髌骨之间位置。

2. **中长外套**:适宜在春秋季节穿用的外套类型,衣长定位:大腿二分之一至髌骨之间位置。

3. **短外套**:适宜时装型、休闲型外套类型,衣长定位:大腿二分之一至腰节线之间位置。

4. **套装外套**:套装外套泛指能够与裤装、裙装组合搭配的上衣类型,衣长定位:以臀股沟为参考位置,根据套装整体设计风格做长短调整确定衣长规格。

(二)袖长分类

1. **中袖**:袖长规格在肘关节至腕关节之间定位,包括九分袖和七分袖。

2. **长袖**:以臂长规格为依据,按照款式追加放量 1 ~ 5cm。

三、外套功能分类

外套就着装状态而得名，故此更加强调服装的实用功能，款式创意、板型结构、材料选择等设计要素都应围绕"功能性"这一主题而展开。根据外套的实用功能可以将其划分为礼服型外套、休闲型外套、风衣型外套。

1. 礼服型外套

男式礼服型外套主要是源自于男式西服大衣与男式西服固定搭配这一组合着装形式而得名。外套整体结构舒适、合体，衣长定位至髌骨上下，明门襟（或暗门襟）三粒单排扣、八字驳口领、左右对称斜插口袋、三开身、后中缝开衩；袖长定位至虎口，两片袖。面料：纯毛粗纺织物、颜色以黑色或深藏蓝色为主。

女式礼服型外套即与礼服搭配穿用的女式时装外套，无固定款式，另外披风或披肩也可与礼服搭配，与旗袍搭配效果尤其突出。面料：混纺织物、纯毛粗纺织物或丝绒织物等，皮草也是制作女式礼服型外套或披肩的上等材料。

2. 休闲型外套

休闲型外套广泛应用于日常生活，不受环境、年龄、职业等条件限制。造型风格简洁大方、穿着舒适随意强调休闲功能，特别适宜与牛仔裤、羊毛衫等休闲类时装混合搭配穿用；另外，此类型外套与职业装搭配也是职场公务理想的着装选择。休闲型外套包括：紧身型外套、合身型外套、宽松型外套。

3. 风衣型外套

风衣型外套属于最具有实用功能的外套类型。传统风衣因为具备防风、防雨、防寒等实用功能而被标榜为实用功能设计之典范，后来应用于其他类型的服装设计，其实用功能被演绎为时尚流行元素广泛受众，因此而流行。风衣型外套可以同休闲装、时装、西装等不同服装类型自由组合搭配，集时尚、功能于一身。

第二节　外套成衣规格

成衣规格从成衣制造角度分析是对服装款式的数据化表述形式，是服装板型设计必需的理论依据。即根据人体内限规格、款式创意、面料材质以及人体各部位静、动态需求等因素适度加放松量值，将净体规格转化为成衣规格，针对款式所涉及的服装相关部位以数据形式给予说明。服装成衣规格的设计过程就是将服装造型设计量化的过程，对于成衣板型设计与生产具有指导意义。外套成衣规格控制部位包括衣长、袖长、背长、胸围、臀围、肩宽、领围、袖口宽等。

一、外套成衣各部位名称及测量方法

通常，服装各部位构成形式与人体结构特征是对应吻合的，故此绝大多数服装部位名称是因人体各部位名称而命名，例如：胸围、腰围、臀围、颈围、肩宽等。另外一些部位名称延续了"师承"的传统习惯或地域习惯没有任何理论依据，例如：上衣前后衣身分界线，在服装行业内有些地域称此线为"摆缝线"，有些地域称此线为"侧缝线"，还有一些部位名称是外来语，在此不做赘述。此种现状对于中国服装制造业走出国门融入国际市场带来诸多不便，不论是打造自主品牌还是承接订单加工制造，按照国际标准统一称谓是大势所需。

1. 外套成衣各部位名称及测量方法(图 2-3)

衣长：外套后衣身向上平铺，自后领中点垂直量至下摆线。

背长：外套后衣身向上平铺，自后领中点垂直量至腰围线。

胸围：外套前衣身向上平铺，自左右袖窿底点下移 2cm 确定胸围线围量一周。

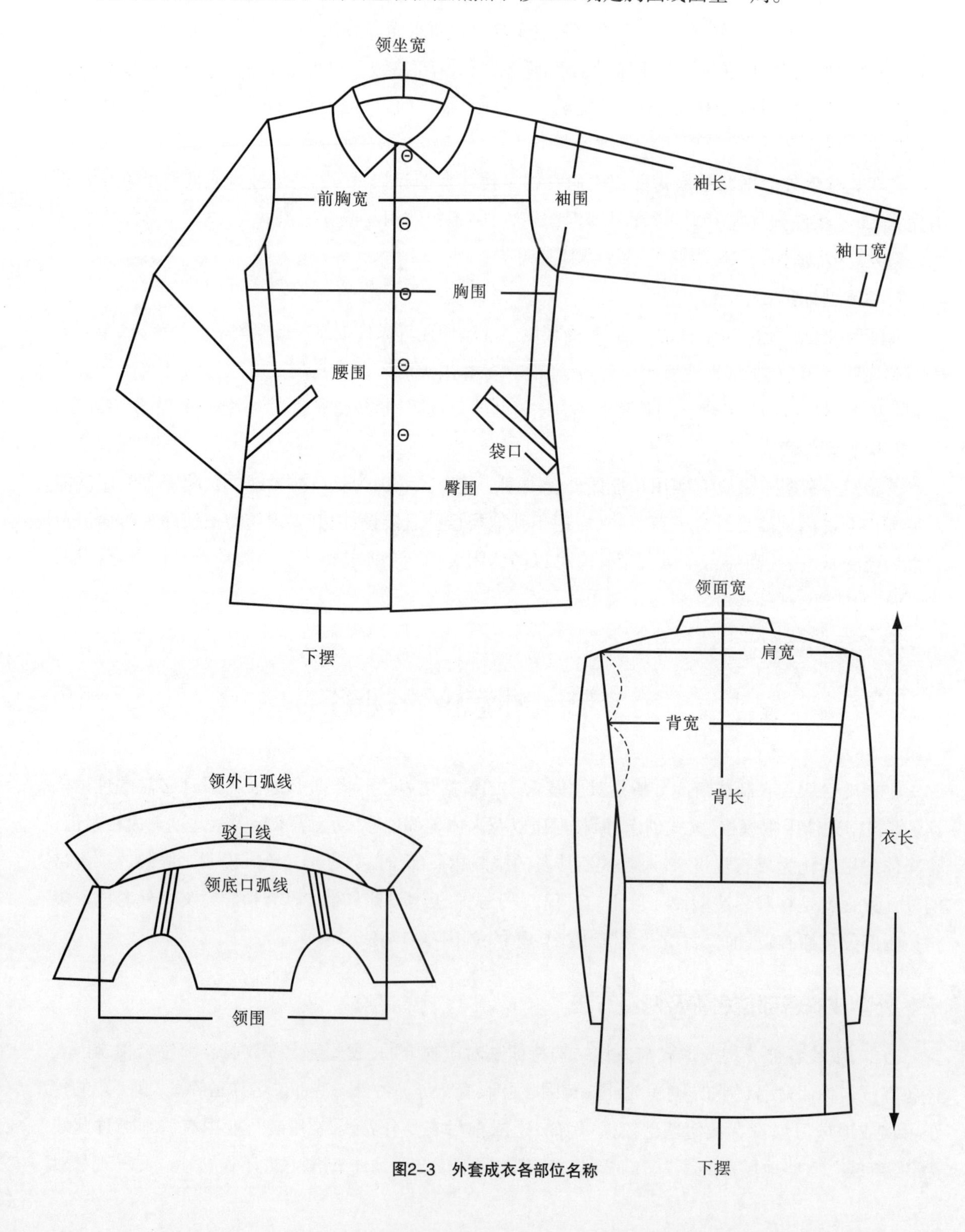

图2-3 外套成衣各部位名称

腰围：外套前衣身向上平铺，以背长位置为参考水平确定腰围线围量一周。

臀围：外套后衣身向上平铺，自腰围线下量 15cm 水平确定臀围线围量一周。

领围：外套钮扣打开领子平铺，自领子左端点顺领口弧线量至右端点间距离。

肩宽：外套后衣身向上平铺，水平测量左右肩点间距离。

前胸宽：外套前衣身向上平铺，水平测量左右前袖窿深中点间距离。

后背宽：外套后衣身向上平铺，水平测量左右后袖窿深中点间距离。

袖长：自肩点沿袖中线量至袖口间距离。

袖围：将袖子平铺，确定袖山高位置，围量袖围根部一周。

袖口宽：将袖子平铺，围量袖口一周。

袋口：袋口两端点间距离。

领面宽：自后领中部驳口线至领外口弧线间距离。

领座宽：自后领中部驳口线至领底口弧线间距离。

2. 外套结构线、结构点、廓型线名称（图 2-4）

衣身部位结构点、结构线、廓型线包括：

结构点：前后颈点、前后侧颈点、前后肩点、袖窿底点、胸凸点、肩胛凸点

结构线：背宽线、胸宽线、胸围线、腰围线、臀围线、后中心线、前中心线

廓型线：前后肩斜线、前后领口弧线、前后袖窿弧线、前后侧缝线、摆缝线

袖子部位结构点、结构线、廓型线包括：

结构点：袖山顶点、肘凸线

结构线：袖山高、袖围线、袖中线、袖肘线

廓型线：袖山弧线、前后袖侧缝、袖口弧线

领子部位结构线、廓型线包括：

结构线：驳口线、领后中线

廓型线：领外口线、领底口线、领尖线

3. 成衣测量部位名称与代号（表 2-1）

表2-1 测量部位名称与代号

序号	中文	英 文	代号	序号	中文	英 文	代号
1	胸围	Bust Girth	B	10	肘线	Elbow Line	EL
2	腰围	Waist Girth	W	11	胸点	Bust Point	BP
3	臀围	Hip Girth	H	12	侧颈点	Side Neck Point	NP
4	领围	Neck Girth	N	13	前颈点	Front Neck Point	SNP
5	胸围线	Bust Line	BL	14	后颈点	Back Neck Point	FNP
6	腰围线	Waist Line	WL	15	肩端点	Shoulder Point	SP
7	臀围线	Hip Line	HL	16	袖窿弧长	Arm Hole	AH
8	领围线	Neck Line	NL	17	长度	Length	L
9	头围	Head Size	HS	18	袖口	Cuff	C

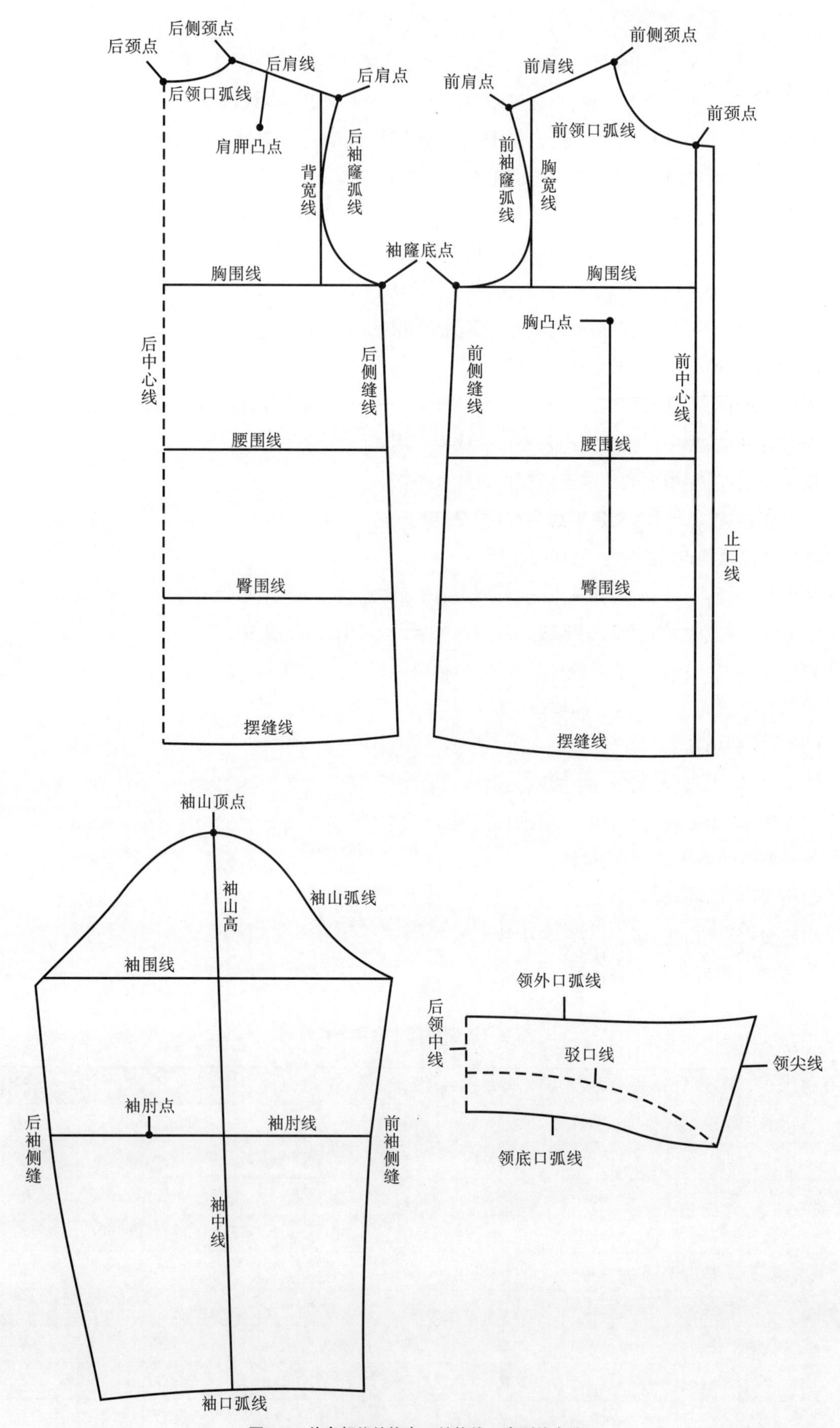

图2-4 外套部位结构点、结构线、廓型线名称

二、人体测量与号型规格

成衣板型设计的尺寸依据通常来源于成衣测量、人体测量和国家的服装号型标准。仿制市场上畅销的成衣或按照客户来样订单生产的成衣板型设计，常采用成衣测量方法；为个人定制合体度要求较高的服装或满足特殊造型需要的时装板型设计，常采用个体测量方法；为内销成衣市场批量化生产的成衣板型设计，常参照国家颁布的《服装号型》标准，选择适合的号型系列。

（一）测量

测量是获得人体各部位规格的必要手段，为成衣设计、生产环节提供重要的理论依据。我们说测量人体各部位规格的真正意义并不在于获得一组数据，关键在于通过测量了解人体结构与服装板型结构相关部位的条件关系，树立以人体结构为根本的服装结构设计理念。

1. 测量注意事项

（1）净体测量：净体规格即号型规格，是设计服装成衣规格的基础条件。在操作时要求被测量者穿紧身衣自然站立等待测量，以保证测量结果的准确性。为板型设计环节能够正确分析定量（净体规格）与变量（放松量）间的条件关系，准确把握廓型结构形式提供理论依据。

（2）定点测量：在测量时对被测量者的体征特点及着装习惯要有准确的了解，以便于结合廓型创意准确把握人体结构与服装结构相关部位的条件关系，于此求得人体各部位规格与成衣各部位规格的吻合度。

（3）公制测量：按照国际标准，在测量过程中使用的公制长度“cm”为单位计量。

2. 测量部位及名称（图2-5）

（1）围度

胸围（型）：以左右胸点为参照点，水平围量胸部最丰满处一周。

腰围：以肘关节为腰围参考位置，水平围量腰部最细处一周。

臀围：以臀部最丰满处为臀围参考位置，水平围量臀部最丰满处一周。

中腰围：中腰围也称腹围，确定左右髋关节为参照点，水平围量腹部一周。

颈根围：确定前颈窝、左右侧颈点、后第七颈椎为参照点，定点围量颈部一周。

头围：确定前额丘、后枕骨为参照点，定点围量头部一周。

臂根围：确定肩点、前后腋窝点为参照点，定点纵向围量臂根部一周。

臂围：确定前后腋窝点为水平参照点，围量上臂一周。

腕围：确定尺骨头为参照点，围量腕部一周。

掌围：拇指并入掌心围量掌部最丰满处一周。

（2）长度

总体高（号）：自头顶至足跟之间的垂直距离，随体后中测量。

身高：自第七颈椎至足跟之间的垂直距离，随体后中测量。

背长：自第七颈椎至腰围线之间的垂直距离，随背后中测量。

腰长：自腰围线至臀围线之间的垂直距离，随体侧测量。

股上长：自腰围线至臀股沟间的垂直距离，随体后测量。

前腰节：自侧颈点经胸点向下延伸至腰围线间距离。

后腰节：自侧颈点经肩胛骨向下延伸至腰围线间距离。

臂长：自肩点经肘点至腕关节间的距离。

下肢长：自腰围线至踝关节间的垂直距离，随体侧测量。

肩宽：在体后自左肩点经第七颈椎至右肩点间的距离。

背宽：在体后自左腋窝点至右腋窝点间的水平距离。

胸宽：在体前自左腋窝点至右腋窝点间的水平距离。

乳下度：自胸点向上延伸至肩线间的距离。

乳间距：左右胸点间的距离。

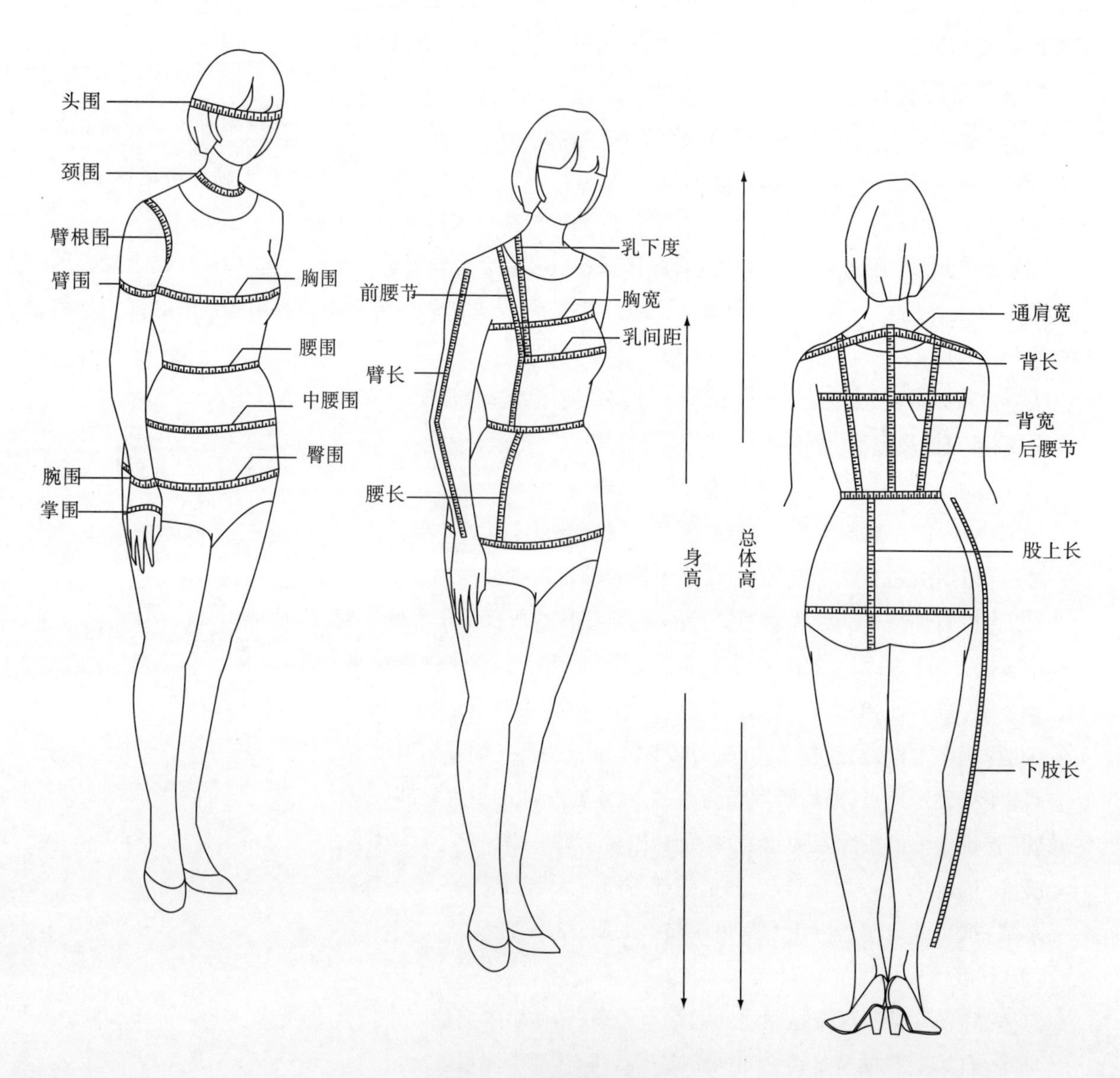

图2-5 人体测量部位及名称

（二）号型系列

服装号型标准既是成衣大生产模式下成衣规格设计的技术依据，也是消费者选购服装产品的标识，同时还是服装质量检验的重要理论依据。服装企业制定产品生产计划书，通常采用单一体型系列号型的配比方式也就是行业内常说的一号多型配置，以同一款式、同一体型类别为标准生产系列号型产品，这样有助于提高服装产品销售的可操作性。同理，设计师进行工业样板设计，从同一体型类别的系列号型中确定小号或中间号作为初始样板号型，设计该号型的板型结构图，经过试样、调整后确认为母板，然后根据号型均差值再制作（缩放）其他号型样板，即可得到全部号型规格的工业系列样板。显然，识别人体体型类别建立系统的号型序列便成为设计成衣规格首先要解决的问题。

1. 号型定义

号：指人体的总高度，是设计和选购服装长度的依据（以厘米为计量单位）。

型：指人体的净胸围或净腰围，是设计和选购服装围度的依据（以厘米为计量单位）。

号型标识：号 / 型，体型分类代号。例如：上装：160/84 A，下装：165/64 A

2. 体型分类

体型指人体外观形态所呈现的各种不同廓型，根据人体胸围、腰围规格数值间差量范围划分体型类别，例如：女性胸、腰净体规格差值在 14 ～ 18cm 之间的属于 A 体型，男性胸、腰净体规格差值在 17 ～ 22cm 之间的属于 Y 体型，以此类推概括出四种典型成人男、女体型类型，分类代号表示为 Y、A、B、C（表 2–2）。

表2–2　成人四种体型分类　　单位：cm

性别 \ 体型代号	胸围与腰围间差值			
	Y	A	B	C
女　性	19 ～ 24	14 ～ 18	9 ～ 13	4 ～ 8
男　性	17 ～ 22	12 ～ 16	7 ～ 11	2 ～ 6

在全国范围内成年男性、女性各体型占比统计中可以看出，从 Y 体型到 C 体型人体胸、腰规格数据间差量依次减小，A 体型和 B 体型所占比远大于 Y 体型和 C 体型所占比例。在生产实践中，批量生产的服装产品型号配比通常以 A 体型和 B 体型为主 Y 体型和 B 体型为辅，就是基于这一原因（表 2–3）。

表2–3　成年女性各体型比例　　单位：cm

性别 \ 体型	占 比 总 数			
	Y	A	B	C
女　性	14.82	44.13	33.72	6.45
男　性	20.98	23.92	28.65	7.92

3. 号型系列

将人体号和型按照一定规则进行分档排序即号型系列，各档号型相同部位间的差值即分档数值。号型标准规定，身高分档数值 5cm、胸围分档数值 4cm、腰围分档数值 4cm 或 2cm。身高与胸围净体规格组成上衣号型规格系列，即 5·4 号型系列；身高与腰围净体规格组成下装号型规格系列，即 5·4 或 5·2 号型系列。通常，上衣采用 5·4 系列，下装采用 5·4 系列或 5·2 系列。

新颁布的国家服装号型规格标准各类体型覆盖率大于 0.3%，同时还增设了一些占比虽小但有实际意义的号型，使得调整后的服装号型覆盖面男子达到 96.15%，女子达到 94.72%，总群体覆盖面为 95.46%，大大增加了各种体型消费群体选择服装产品的范围。以下是国家服装号型标准对身高、胸围和腰围规定的分档范围和女性四种体型号型系列，仅供参考（表 2-4 ～表 2-8）。

表2-4　服装号型分档范围和分档数值

单位：cm

部　位	身　高	胸　围	腰　围
女　子	145 ～ 180	68 ～ 112	50 ～ 106
男　子	155 ～ 190	72 ～ 116	56 ～ 112
档　差	5	4	4 或 2

表2-5　女性Y体型5·4、5·2号型系列

单位：cm

Y

胸围 \ 腰围 \ 身高	145		150		155		160		165		170		175		180	
72	50	52	50	52	50	52	50	52								
76	54	56	54	56	54	56	54	56	54	56						
80	58	60	58	60	58	60	58	60	58	60	58	60				
84	62	64	62	64	62	64	62	64	62	64	62	64	62	64		
88	66	68	66	68	66	68	66	68	66	68	66	68	66	68		
92			70	72	70	72	70	72	70	72	70	72	70	72		
96					74	76	74	76	74	76	74	76	74	76		
100							78	80	78	80	78	80	78	80	78	80

表2-6　女性A体型5·4、5·2号型系列

单位：cm

A

身高 腰围 胸围	145			150			155			160			165			170			175			180		
72				54	56	58	54	56	58	54	56	58												
76	58	60	62	58	60	62	58	60	62	58	60	62	58	60	62									
80	62	64	66	62	64	66	62	64	66	62	64	66	62	64	66	62	64	66						
84	66	68	70	66	68	70	66	68	70	66	68	70	66	68	70	66	68	70	66	68	70			
88	70	72	74	70	72	74	70	72	74	70	72	74	70	72	74	70	72	74	70	72	74	70	72	74
92				74	76	78	74	76	78	74	76	78	74	76	78	74	76	78	74	76	78	74	76	78
96							78	80	82	78	80	82	78	80	82	78	80	82	78	80	82	78	80	82
100										82	84	86	82	84	86	82	84	86	82	84	86	82	84	86

表2-7　女性B体型5·4、5·2号型系列

单位：cm

B

身高 腰围 胸围	145		150		155		160		165		170		175		180	
68			56	58	56	58	56	58								
72	60	62	60	62	60	62	60	62	60	62						
76	64	66	64	66	64	66	64	66	64	66						
80	68	70	68	70	68	70	68	70	68	70	68	70				
84	72	74	72	74	72	74	72	74	72	74	72	74	72	74		
88	76	78	76	78	76	78	76	78	76	78	76	78	76	78	76	78
92	80	82	80	82	80	82	80	82	80	82	80	82	80	82	80	82
96			84	86	84	86	84	86	84	86	84	86	84	86	84	86
100					88	90	88	90	88	90	88	90	88	90	88	90
104							92	94	92	94	92	94	92	94	92	94
108									96	98	96	98	96	98	96	98

表2–8　女性C体型5·4、5·2号型系列

单位：cm

C																
身高 腰围 胸围	145		150		155		160		165		170		175		180	
68	60	62	60	62	60	62										
72	64	66	64	66	64	66	64	66								
76	68	70	68	70	68	70	68	70								
80	72	74	72	74	72	74	72	74	72	74						
84	76	78	76	78	76	78	76	78	76	78	76	78				
88	80	82	80	82	80	82	80	82	80	82	80	82				
92			84	86	84	86	84	86	84	86	84	86	84	86		
96			88	90	88	90	88	90	88	90	88	90	88	90	88	90
100			92	94	92	94	92	94	92	94	92	94	92	94	92	94
104					96	98	96	98	96	98	96	98	96	98	96	98
108							100	102	100	102	100	102	100	102	100	102
112									104	106	104	106	104	106	104	106

4. 中间体

根据大量人体规格实测数据计算平均值，即为中间体规格。它反映了我国男、女成人各类体型身高、胸围、腰围等部位的平均水平，具有一定的代表性。设计成衣规格系列，必须以号型中间体为中心按照一定的分档数值向上下、左右推档获取数据。中间号型是指在一定范围内测量人体规格，在总数中占有最大比例的体型类别，国家设置的中间标准体号型是就全国范围而言，因此具有一定的普遍性。由于各个地区情况会有差别，中间号型的设置也应视各地区具体情况及产品销售方向而定，但号型制订系列不变（表 2–9）。

表2–9　男、女体型的中间体设置

单位：cm

性别	部位	Y	A	B	C
女性	身高	160	160	160	160
	胸围	84	84	88	88
男性	身高	170	170	170	170
	胸围	88	88	92	96

5. 体型控制部位

控制部位是设计成衣规格的依据，国家号型标准将人体十个主要部位作为成衣规格必须的规定部位，这十个部位被称为控制部位，长度：总体高、身高、坐姿颈椎点高（背长 + 股上长）、全臂长、腰围

高（下肢长）；围度：胸围、腰围、臀围、颈围、肩宽，具体测量方法见本章第一节中的人体测量。

6. 号型规格系列

（1）设计原则

a. 中间体不能变

国家颁布的服装号型标准中确定的男女各类体型中间体数据不能擅自更改。

b. 号型系列和分档数值不能变（表 2-10 ～表 2-13）

表2-10　女性Y体型控制部位分档数值　　单位：cm

体　型	Y							
部　位	中间体		5·4 系列		5·2 系列		身高、胸围、腰围每增减 1	
	计算数	采用数	计算数	采用数	计算数	采用数	计算数	采用数
身　高	160	160	5	5	5	5	1	1
颈椎点高	136.2	136.0	4.46	4.00			0.89	0.80
坐姿颈椎点高	62.6	62.5	1.66	2.00			0.33	0.40
全臂长	50.4	50.5	1.66	1.50			0.33	0.30
腰围高	98.2	98.0	3.34	3.00	3.34	3.00	0.67	0.60
胸　围	84	84	4	4			1	1
颈　围	33.4	33.4	0.73	0.80			0.18	0.20
总肩宽	39.9	40.0	0.70	1.00			0.18	0.25
腰　围	63.6	64.0	4	4	2	2	1	1
臀　围	89.2	90.0	3.12	3.60	1.56	1.80	0.78	0.90

表2-11　女性A体型控制部位分档数值　　单位：cm

体　型	A							
部　位	中间体		5·4 系列		5·2 系列		身高、胸围、腰围每增减 1	
	计算数	采用数	计算数	采用数	计算数	档差值	计算数	采用数
身　高	160	160	5	5	5	5	1	1
颈椎点高	136.0	136.0	4.53	4.00			0.91	0.80
坐姿颈椎点高	62.6	62.5	1.65	2.00			0.33	0.40
全臂长	50.4	50.5	1.70	1.50			0.34	0.30
腰围高	98.1	98.0	3.37	3.00	3.37	3.00	0.68	0.60
胸　围	84	84	4	4			1	1
颈　围	33.7	33.6	0.78	0.80			0.20	0.20
总肩宽	39.9	39.4	0.64	1.00			0.16	0.25
腰　围	68.2	68	4	4	2	2	1	1
臀　围	90.9	90.0	3.18	3.60	1.60	1.80	0.80	0.90

表2-12 女性B体型控制部位分档数值

单位：cm

体型	B							
部位	中间体		5·4 系列		5·2 系列		身高、胸围、腰围每增减 1	
	计算数	采用数	计算数	采用数	计算数	采用数	计算数	采用数
身高	160	160	5	5	5	5	1	1
颈椎点高	136.3	136.5	4.57	4.00			0.92	0.80
坐姿颈椎点高	63.2	63.0	1.81	2.00			0.36	0.40
全臂长	50.5	50.5	1.68	1.50			0.34	0.30
腰围高	98.0	98.0	3.34	3.00	3.30	3.00	0.67	0.60
胸围	88	88	4	4			1	1
颈围	34.7	34.6	0.81	0.80			0.20	0.20
总肩宽	40.3	39.8	0.69	1.00			0.17	0.25
腰围	76.6	78.0	4	4	2	2	1	1
臀围	94.8	96.0	3.27	3.20	1.64	1.60	0.82	0.80

表2-13 女性C体型控制部位分档数值

单位：cm

体型	C							
部位	中间体		5·4 系列		5·2 系列		身高、胸围、腰围每增减 1	
	计算数	采用数	计算数	采用数	计算数	采用数	计算数	采用数
身高	160	160	5	5	5	5	1	1
颈椎点高	136.5	136.5	4.48	4.00			0.90	0.80
坐姿颈椎点高	62.7	62.5	1.80	2.00			0.35	0.40
全臂长	50.5	50.5	1.60	1.50			0.32	0.30
腰围高	98.2	98.0	3.27	3.00	3.27	3.00	0.65	0.60
胸围	88	88	4	4			1	1
颈围	34.9	34.8	0.75	0.80			0.19	0.20
总肩宽	40.5	39.2	0.69	1.00			0.17	0.25
腰围	81.9	82	4	4	2	2	1	1
臀围	96.0	96.0	3.33	3.20	1.66	1.60	0.83	0.80

国家标准中规定男女号型系列分别是5·4系列和5·2系列。号型系列一经确定，服装各部位的分档数值必须与其相对应不得任意变动。在实际应用中，考虑到服装有公差范围通常将分档数值进行微调，例如：臀围分档数值由3.6cm微调至4cm、颈围分档数值由0.8cm微调至1cm，这些微调对服装整体效果都不会造成大的影响故此忽略不计。

c. 控制部位数值不能变

人体控制部位的数值是经过大量人体测量和科学测算得到的结果不能随意更改。

（2）号型规格系列的设计方法

【应用实例】女性 A 型号型规格系列

a. 确定号型系列和体型

确定女性号型规格 5·4 系列、A 型。

b. 确定中间体号型及主要控制部位数值

从表 2-11 中查出女性 A 体型中间体号型：160/84A，主要控制部位分档数值：总体高：5cm、身高：4cm、坐姿颈椎垫高：2cm、臂长：1.5cm、腰围高：3cm、胸围：4cm、腰围：4cm、臀围：4cm、颈围：1cm、肩宽：1cm。

c. 确定号型范围

从表 2-6 查出女性 A 体型号型规格及相邻号型规格，号：155 ～ 170，型：80 ～ 92，各号型分别表示为 S、M、L、XL，M 为中间号。

d. 女性号型规格系列（表 2-14）

表2-14　女性常规部位号型规格表　　单位：cm

序号	号型 / 部位	S	M	L	XL
		155/80	160/84	165/88	170/92
1	胸围	80	84	88	92
2	腰围	64	68	72	76
3	臀围	86	90	94	98
4	颈围 / 颈根围	33/36	34/37	35/38	36/39
5	臂根围	26	28	30	32
6	腕围	15	16	16	17
7	手掌围	19	20	20	21
8	头围	55	56	57	58
9	总体高	155	160	165	170
10	身高	132	136	140	144
11	背长	37	38	39	40
12	前腰节	39	40	41	42
13	全臂长	49	50.5	52	53.5
14	腰至臀	17	18	19	20
15	腰至膝	57	58.8	60.6	62.4
16	下肢长	95	98	101	104
17	股上长	26	27	28	29
18	肩宽	38	39	40	41
19	胸宽	33	34	35	36
20	背宽	34	35	36	37
21	乳间距	18	19	20	21
22	乳下度	24	24.5	25	25. 5

注：颈围与颈根围差量为 3cm。M 号为女性中间号型。

三、放松量的设计

放松量是指服装与人体间预留的相对空间量，是设计服装成衣规格的重要参数。在服装号型规格所确定的人体参考尺寸基础上增加合适的放松量来设计成衣规格，其中服装风格、款式廓型、人体静动态活动规律、面料材质等因素是决定松量值取值范围的重要因素。

（一）围度

人体在静态动态下与服装的相对空间量、内置服装所占有的空间量、服装材料自身所占有的空间量构成了影响服装围度加放松量值的重要因素，这一点在设计外套成衣规格环节意义显得极为明确。通常，设计外套成衣规格可以将人体与内置服装视为一个整体，然后根据款式廓型创意再加放松量值，这样便于根据外套廓型创意设计板型结构，使得松量值的施量范围更加明确。围度松量值具体应用部位包括胸围、腰围、臀围、肩宽。例如：设计 M 码女式羊毛外套，净体胸围规格 84cm，成衣胸围规格 98cm，14cm 就是该款式胸围部位的加放松量值，其中包括：三围的最大允许量、外套与内置服装的空间量、羊毛面料厚度所占的空间量。另外，同一号型规格不同服装廓型所加放松量值也都不同，例如：设计 M 码女装外套，半紧身型四开身结构胸围部位加放松量值 12cm；半紧身型三开身结构胸围部位由于省量变化容易造成胸围规格缩量，加放松量值为 14cm，其中 2cm 为追加缩量。因此，在设计实践中，还要根据款式廓型创意具体分析松量值的施量范围设计松量值。总之，松量值与服装贴体度成正比，松量值越大服装与人体相对空间越大。常规服装与人体相对空间状态类型包括：紧身型、半紧身型、舒适型、半宽松型、宽松型，具体参数见表 2-15。

表2-15　常规外套类型胸围松量值对照表　　单位：cm

类别 / 服装品种	紧身型	半紧身型	舒适型	半宽松型	宽松型
外套、大衣		10～12	12～15	16～20	21～40
休闲装、风衣				16～20	21～40

（二）长度

服装长度规格通常根据服装类型采取直接定量的设计方法，根据服装款式创意按照服装长度部位与人体对应部位的比例关系直接确定规格。外套主要涉及长度部位包括：衣长、袖长，由于各长度部位所处人体位置不同设计方法各有区别。

1. 衣长

衣长是指外套的长度规格，包括长外套、中长外套、短外套、套装外套。具体定位方法：以“号”(人体总高度）为基数按照一定的分配比例加系数调整确定规格（表 2-16），或者根据款式创意采取直接定量的设计方法，具体设计方法见本章节衣长分类。

表2-16　外套衣长规格计算方法参照表　　单位：cm

衣长类型	长外套	中长外套	短外套	套装外套
计算公式	6/10 号 +8～16	5/10 号 +7～15	4/10 号 +6～14	4/10 号 +0～10

2. 袖长

袖长规格以"号"(人体总高度)为基数按照一定的分配比例加系数调整确定规格(表 2–17)。或者以臂长规格为基数按照不同款式采取直接定量的设计方法,包括长袖、中袖。具体设计方法见本章节长度分类。

表2–17　外套袖长规格计算方法参照表　单位:cm

袖长类型	长外套	中长外套	短外套	套装外套
计算公式	3/10 号 +8 ~ 10	3/10 号 +7 ~ 9	3/10 号 +6 ~ 8	3/10 号 +5 ~ 7

(三)应用实例

设计女式半紧身型短外套成衣规格。胸围松量值为 14cm,衣长、袖长、背长、前腰节部位数值根据"号"规格计算(表 2–18)。

表2–18　号型:160/84A S/M/L/XL(5·4系列)　单位:cm

部位＼型号	加放松量	S	M	L	XL	均差值
		155/80A	160/84A	165/88A	170/92A	
衣　长	4/10 号 +6	68	70	72	74	2
背　长	1/4 号	39	40	41	42	1
前腰节	1/4 号 +1	40	41	42	43	1
胸　围	14	94	98	102	106	4
肩　宽	0 ~ 1	38	39	40	41	1
袖　长	3/10 号 +7	53.5	55	56.5	58	1.5
领　围	4	37	38	39	40	1

四、应用成衣规格

在设计实践中,将成衣规格的理论数据直接应用于板型设计所得到的成品规格很难得到保证。因为,在生产流程中裁片要经过裁剪、缝纫、熨烫等多种工艺外力的影响,加之面料自身的物理回缩量,对裁片的经、纬向规格都会造成不同程度的损耗。为了避免由于某种外因所造成的材料回缩量问题,企业根据服装材料采取不同的面料预缩方法,其中包括自然预缩、湿预缩、干热预缩、蒸汽预缩等等。另外一些大型的服装企业现在已经开始采用预缩机对匹布进行预缩处理,这是较先进的预缩方法,效率高、效果好。无论采取哪一种面料预缩方法其目的都是为了降低产品规格回缩量,保证成衣的缝制质量并减少服装穿用过程的变形。对于服装缝制过程中由于缝纫线张力和面料弹性、厚度影响所产生的缝缩量;化纤面料的裁片在烫衬和成衣整烫过程中产生的热缩量;成衣染色、水洗等后整理过程产生的缩水量等面料回缩量往往直接影响最终的成衣产品规格,因此,成衣板型设计所依据的成衣规格需要采用按面料回缩率调整后的应用成衣规格。

1. 回缩率

回缩率是指织物在加工制造过程中由于受到外力作用产生变形，当再受到湿、热等外部因素作用时这种变形就会产生回缩，行业内把织物单位长度内测试前后的规格差值称为回缩量，回缩值与测试前长度的比率称为回缩率。具体计算方法如下：

回缩率 = [（测试前长度 - 测试后长度）/ 测试前长度] × 100%

通常，面料材质、编织纹样、回缩率测试方法等都是影响回缩率的重要因素。例如：棉布、丝绸可采用湿预缩的方法；纯毛或毛涤混纺织物可采用蒸汽预缩的方法；合成纤维织物可以采用干热预缩的方法。但是，无论哪种材料、哪种方法都要根据材料的耐温标准控制温度，例如：棉织物 100 ～ 160℃，毛织物 100 ～ 120℃，黏胶纤维 90℃左右。总之，从服装制造和穿用的角度分析，对面料的回缩率进行正确、全面测试是十分必要的（表 2-19）。

表2-19　常用面料的热缩率

面料种类	经　向	纬　向
精纺毛织物	3%	2.5%
混纺毛织物	3%	3%
涤棉织物	1% ～ 2%	1% ～ 2%
纯棉织物	3% ～ 6%	2% ～ 4%
真丝织物	3% ～ 10%	2% ～ 3%

注：回缩率小数点后保留一位。

2. 应用规格

服装材料经过纺纱、织造、染色、整理等各种处理，使得织物发生纬向收缩、经向拉长的物理变形，材料不同、部位不同、织纹方向不同变形各异，故此服装各部位的预留损耗各有差异。根据面料的厚度、缝缩率、热缩率等物理指标，以成衣规格为基数追加回缩的对应量，成为应用规格，以此保证样板规格、裁片规格、成品规格的准确度。

理论上应根据公式“应用规格 = 成衣规格 /（1- 回缩率）”来计算，企业里常采用简便算法公式“应用规格 = 成衣规格（1+ 回缩率）” 快速得到近似数值。

【应用实例】设计 M 码女式精纺羊毛半紧身型短外套应用成衣规格（表 2-20）。

表2-20　号型规格：160/84A　　单位：cm

部位 \ 规格	计算公式	成衣规格	应用规格
衣　长	4/10 号 +6	70	72.1
胸围 B	型 +14	98	100.5
背　长	1/4 号	40	41.2
前腰节	1/4 号 +1	41	42.2
袖　长	3/10 号 +7	55	56.7
肩　宽	肩宽 +1	40	41.0
领　围	3/10B+9	38	39.1

五、成衣规格系列设计流程

成衣规格设计就是对款式相关部位规格的设计，以数据化形式对服装廓型的一种概括，各部位数值设置必须以服装号型为依据符合产品款式设计要求。同一号型的不同廓型设计可以有多种成衣规格，设计成衣规格系列。下面以女装外套为例讲解成衣规格系列的设计流程。

1. 确定号型系列和体型

同一号型系列分档数值必须相等，号型配置形式根据产品生产需要进行配置。从表2-6中选择女性A型号型，确定女性号型规格为5·4系列、A型。

2. 确定中间体号型及主要控制部位数值

从表2-11中选择女性A型中间体号型，即：160/84A；成衣规格主要控制部位、分档数值具体如下：

成衣规格控制部位：衣长、背长、前腰节长、袖长、胸围、通肩宽、颈围。

衣长 = 总体高 6/10+6 ～ 16cm

背长 = 总体高 /4cm

前腰节 = 总体高 /4+1cm

袖长 = 总体高 3/10+5 ～ 10cm

胸围 B= 胸围 +14cm（放松量）

通肩宽 = 肩宽 +1cm（放松量）

颈围 =B3/10+9cm

分档数值：衣长 3cm、背长 1cm、前腰节 1cm、袖长 1.5cm、胸围 4cm、总肩宽 1cm、颈围 1cm

3. 确定号型范围及母板号型

从表2-6查出女性A体型号型及相邻号型，号：155 ～ 170，型：80 ～ 92，各号型分别表示为S、M、L、XL。母板号型：160/84A，型号：M。

4. 号型配置

应该指出的是前面例举的女性号型规格系中列号型配置形式是“号型同步配置”，属于号型配置方法之一。在实际生产中号型配置形式包括号型同步配置、一号多型配置、一型多号配置。

【应用实例】女装外套

号型同步配置：155/80A、160/84A、165/88A、170/92A、175/96A

一号多型配置：165/80A、165/84A、165/88A、165/92A、165/96A

一型多号配置：155/88A、160/88A、165/88A、170/92A、175/96A

5. 外套成衣规格设计实例

参照国家标准中的号型规格，以母板的控制部位数值为中心，按各部位分档数值依次递增或递减，确定其他号型的成衣控制部位数值，完成成衣规格系列设计（表2-21，表2-22）。

表2-21 女装短外套规格设计（5·4系列）

单位：cm

部位 \ 号型	S	M	L	XL	分档数值
	155/80A	160/84A	165/88A	170/92A	
衣长	68	70	72	74	2
背长	39	40	41	42	1
前腰节	40	41	42	43	1
胸围	94	98	102	106	4
肩宽	38	39	40	41	1
袖长	53.5	55	56.5	58	1.5
领围	37	38	39	40	1
备注	此规格系列属于号型同步配置				

表2-22 女装长外套规格设计（5·4系列）

单位：cm

部位 \ 号型	S	M	L	XL	分档数值
	160/84Y	160/84A	160/88B	160/88C	
衣长	102	102	102	102	2
背长	40	40	40	40	0
前腰节	41	41	41	41	0
胸围B	100	100	104	104	4
肩宽	40	40	41	41	1
袖长	55	55	55	55	0
领围	37	38	39	40	1
备注	此规格系列属于一号多型配置				

思考题：

1. 外套成衣测量的部位、方法包括哪些内容？
2. 人体测量的部位、方法、注意事项包括哪些内容？
3. 如何确定外套长度、围度控制部位的数据？
4. 简述服装号型、体型分类、中间体、号型标志的基本概念。
5. 根据不同面料材质测算回缩率。
6. 按照5·4系列、A型设计女式春秋外套成衣规格系列。

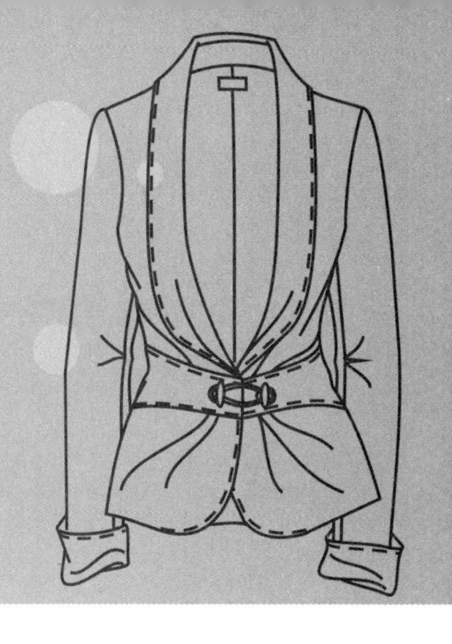

第三章
外套板型设计方法

服装板型设计是服装设计体系的重要组成部分。在服装款式设计、板型设计和工艺设计所构成的服装设计体系中，板型设计为款式创意完美再现提供了充分的理论依据。款式创意如果没有严谨的板型结构作为载体、合理的板型构成形式给予表现，那么，它只能是停留在平面意义上的构想、仅供世人赏析的画面，而不能成为兼有实用和审美功能于一身、可供销费者选用的生活必需品。

服装板型是服装纸样、样板的统称，是现代成衣制造业的专属名词。目前，用于服装板型设计的方法包括平面裁剪法和立体裁剪法。平面裁剪法多用于款式、廓型、结构适合成衣化大生产模式的服装类型。例如职业装、休闲装等；对于廓型、结构复杂运用平面裁剪法无法表现的服装款式，板型师通常采用立体裁剪法，例如礼服、时装等高档定制类服装。在设计实践中，两种方法必须建立以人体结构为根本的板型结构设计理念，平面裁剪方法针对服装所涉及的人体结构相关部位确立科学的分配比例，立体裁剪法则侧重对服装外观形态的整体塑造与内部结构把握，两者既各具特点又相辅相成，交替使用能够将服装板型设计效果达到完美境界。

服装平面制版法必须确立以人体结构为根本的板型结构设计理念，根据服装款式创意、号型规格、人体静动态活动规律、服装材料等综合因素，在服装结构设计原理指导下准确把握服装板型结构与人体结构的条件关系，运用比例分配加常数调整的数学方法，将服装款式创意还原为平面结构形式——板型。这是 门综合了艺术、技术等门类学问的综合性学科，强调理论与实践相结合，强调服装板型结构设计的严谨性、功能性、实用性。目前，行业内普遍使用的平面制版法包括比例法、原型法。

第一节 比 例 法

一、比例法概念

根据服装款式创意、成衣规格、面料材质以及人体静动态活动规律等因素，采用比例分配加常数调整的数学方法将服装与人体相关部位的结构关系进行合理分配，并绘制板型结构图，经过试样、修正后确认服装板型。比例法是我国服装制造业普遍采用的一种传统制版方法，该方法简便、直接、易掌握，深受设计师推崇。

二、比例法分类

比例法根据服装制版模式可分为胸度法、短寸法和全胸围法，这些方法的设计原理都是根据服装与人体相关部位的结构关系确立服装板型结构形式，强调板型结构对人体结构的依赖关系。上衣主要部位包括前后衣身结构、身袖结构、领肩结构、门襟结构；下装主要部位包括前后裆弯结构、前后臀部结构、前后腰部结构、前后裤筒结构。各部位分配比例及常数值的设置根据比例法的类型不同各有差异。

1. 胸度臀度法

胸度臀度法即根据款式创意、成衣规格，采用比例分配加常数值调整的数学方法推算服装各部位数据，确立板型结构形式——板型结构图。在设计实践中，上衣主要测量部位包括衣长、背长、袖长、胸围、腰围、臀围、颈围、肩宽。对于那些通过人体测量不易获取到数据的部位，例如袖窿深、袖窿宽、袖山高等，通常以成衣胸围、臀围尺寸为基数，按照人体整体与局部的比例关系确立计算公式推算其对应数据。例如：上衣袖窿深 = 胸围 /6+8cm、裤子大裆宽 = 臀围 /10 等等。该板型设计方法以人体结构作为板型结构的理论基础，所确立的板型结构形式具有结构严谨、造型完美、穿着舒适、便于操作等特点，被广泛应用于成衣化大生产模式下的工业样板设计。

2. 短寸法

短寸法即实寸法，在板型设计过程中针对服装款式所涉及人体相关部位必须实际测量获取数据，其中包括胸围、腰围、臀围、背长、前腰节、前胸宽、后背宽、肩宽、肩斜、乳间距、乳下度、颈围、袖长、袖口宽、股上长、腰长等等，以这些数据为依据绘制板型结构图。该方法由于测量部位比较详细非常适合个体订制模式的成衣板型设计，熟称“量体裁衣”。在行业内“剥样”所指的也是这种方法，依据购销合同中指定的产品号型规格和样衣，实际测量、考证、确认服装各部位数据然后进行制版，以此确保复制样品的准确性。

3. 全胸围法

全胸围法即中式传统比例裁剪法，根据款式创意、胸围成衣规格设计板型结构的分配比例，推算出服装各部位数据并绘制板型结构图。此种方法大多应用于上衣类产品设计，其中包括适用于男西装、制服等三开身服装板型结构类型的“三分法”，适用休闲装、时装、中式便服等四开身服装板型结构类型的“四分法”，另外，由以上两种板型构成形式生成的五分法、六分法、八分法。此种方法简便、易学、便于掌握，深受初学者喜爱。

三、比例法特点

1. 松量值按比例分配施量

比例法制版成衣规格是非常重要的理论依据，即根据款式创意、号型规格、面料材质以及人体各部位静动态活动规律适度加放松量值，根据号型规格（净体规格）设计成衣规格。针对服装款式涉及的人体相关部位以数据形式给予说明，为服装设计、生产、穿用提供技术标准。服装不同部位、不同板型结构形式加放松量值各不相同，分配比例也各有差异。例如：设计半紧身型外套板式，根据胸围、臀围部位人体结构特征加放松量值分别为 12cm、8cm，四开身板型结构前后衣身胸围、臀围按四等分比例，分配松量值分别为 3cm、2cm；三开身板型结构前后衣身胸围、臀围按三等分比例，分配松量值分别为 4cm、3cm。按照板型结构形式确定分配比例，其目的是保证胸围、臀围部位规格前后衣身分配比例合理化。实践证明影响松量值大小及比例设置的因素是多方面的，其中主要原因包括服装板型结构形式、面料材质、人体结构特征及静动态活动规律。

2. 程式化款式制版效率高

比例法制版对于一些受众范围广的服装款式板型结构形式已经逐渐趋向程式化，例如：西裙、西裤 、西装、衬衫等，基数选择基本相同（上衣：胸围、颈围、肩宽，下装：腰围、臀围），分配比例和常数值的设置范围因人而异、因款式而异。这些公式经过长期的实践验证已经形成了一系列固定公式，被设计师广泛应用于板型结构形式以此类同的板型结构设计，致使板型结构更加严谨、适用、易操作，大大提高了板型设计成效。

3. 比例关系具有不确定性

比例法制版以胸围、臀围、腰围、肩宽、袖长、颈围成衣规格为基数，按照对应分配比例推算出各相关部位规格。例如：上衣板型设计，前后衣身结构以胸围成衣规格为基数按照对应比例计算前后胸围、袖窿深等部位的规格，前后领口部位结构以颈围成衣规格为基数按照对应比例推算前后领口宽、领口深规格等等。在设计实践中，人体特征各有差异加之款式的多样化，单一的分配比例对于服装结构的准确性就会造成一定影响，为了消除这种不确定性比例法根据服装整体与局部的比例关系设计分配比例同时加减常数值，以此求得板型结构的准确性。例如：四开身舒适型外套板型设计，袖窿深 = 胸围 /6 + 8cm，其中 8cm 就是用于调整袖窿开度的常数值是变量，依据外套袖窿的宽松程度做增减调整。

四、比例法应用——外套板型设计

比例法应用于外套板型设计，根据款式廓型创意、成衣规格、面料材质等因素设计板型结构形式，绘制板型结构图。女装外套就廓型而言较为常见的包括 H 型、X 型、A 型、T 型、O 型五种类型，塑造这些廓型的板型结构方法因款式而异、因板型师制版习惯而异。不同板型师对于款式廓型的理解都不尽相同，表现形式各有差异，对于服装外部廓型明确、线条流畅、结构简洁的款式类型通常采用“三开身”和“四开身”板型结构形式，例如职业装、休闲服、便服。以这两种开身形式为基础分割成的“六开身”和“八开身”板型结构形式，适宜款式廓型夸张、板型结构复杂的外套款式类型，例如时装外套等。以下按照服装板型结构类型分别介绍几种外套板型设计方法。

（一）“四开身”外套板型结构

“四开身”板型结构形式，以前后中线、左右侧缝线为纵向分割线（后中线为隐形结构线），将衣身围度划分为前、后、左、右四部分，故此称为“四开身”。该板型结构具有廓型明确、线条流畅、结构简洁、穿着舒适、适用范围广等特点，常见的女装外套：女式休闲装、女式便服、女式秋冬外套、女式风衣等。

【应用实例】女式短外套

1. 款式概述

四开身结构，关门领四粒扣、双开线斜插口袋、一片袖。门襟、后中缝、领外口、口袋开线缉明线，全衬里。面料：毛织物、混纺织物均可，里料：人造丝织物，回缩率 3%。

2. 成衣规格(表 3-1)

表3-1 160/84A 号型成衣规格

单位:cm

部 位	衣长	胸围	后腰节	前腰节	肩宽	袖长	领围
规 格	70	100	40	41	40	56	38
公式松量	4/10 号 +6	型 +16	号 /4	号 /4+1	肩宽 +1	3/10 号 +8	颈围 +4
应用规格	72.1	103	41.2	42.2	41.2	57.7	39

3. 主要控制部位比例公式(表 3-2)

表3-2 主要部位比例公式

单位:cm

部 位 \ 比 例	前 片	后 片
衣 长	衣长规格 +1	衣长规格
落 肩	胸围 /20	胸围 /20-1
袖窿深	胸围 /6+8	胸围 /6+8
腰节长	前腰节 = 号 /4+1	后腰节 = 号 /4
侧缝宽	胸围 /4+1	胸围 /4-1
肩 宽	肩宽 /2	肩宽 /2
胸背宽	前胸宽 = 前肩宽 -2.5	后背宽 = 后肩宽 -2
领口宽	领围 /5	领围 /5
领口深	领围 /5+1	2.3
袖 围	胸围 /5-2	胸围 /5
袖山高	AH/3-1	

4. 板型结构图(图 3-1)

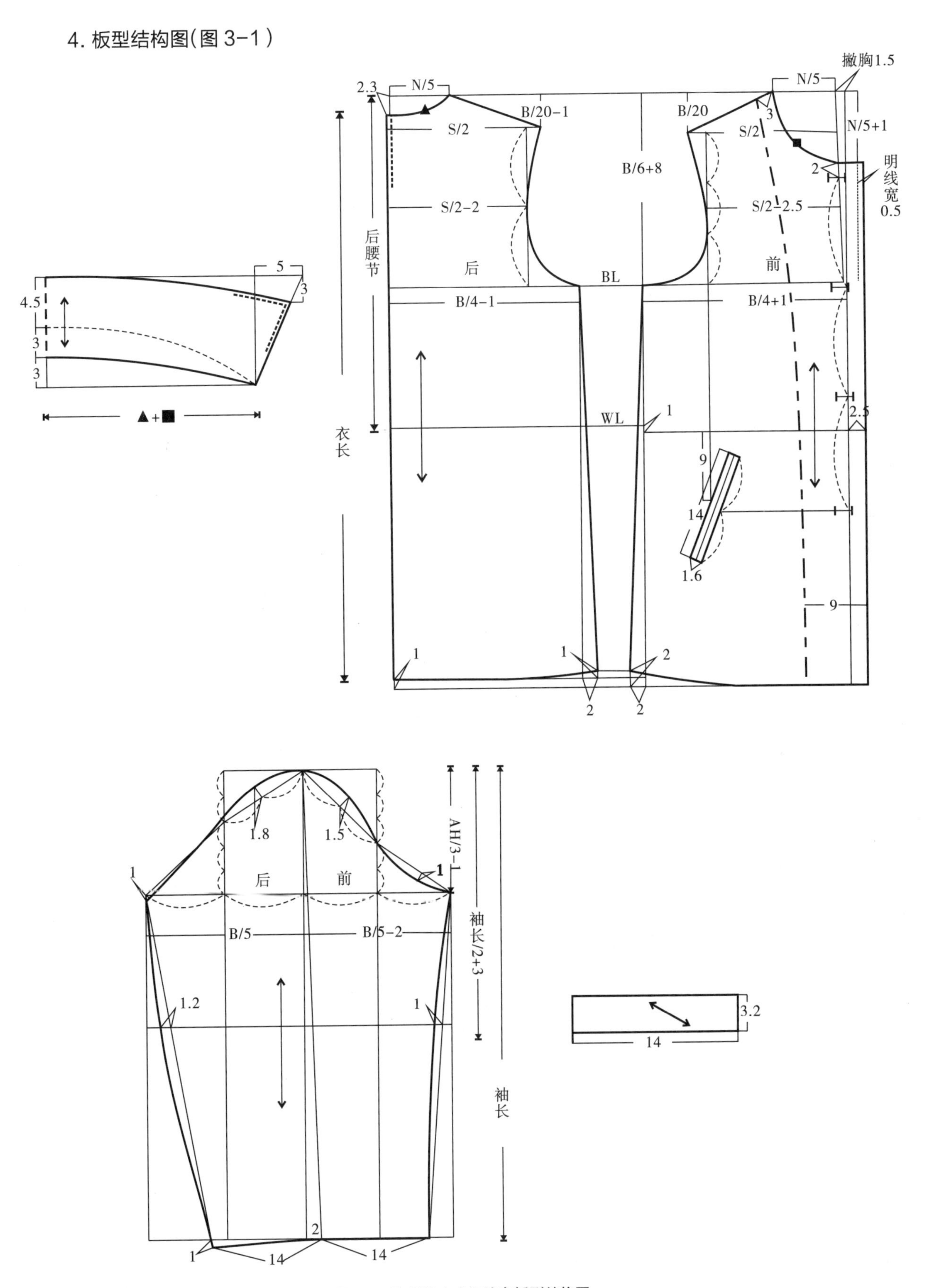

图3-1　比例法女式短外套板型结构图

(二)"三开身"外套板型结构

"三开身"板型结构形式,以前中线、左右背宽延长线为纵向分割线,将衣身围度划分近似三等分。此种板型结构运用前后腰省总量和腰部撇量协调胸、腰、臀三围间的差量关系塑造衣身廓型,板型结构严谨、线条流畅、造型洗练,最适宜职业装、西装外套、秋冬羊绒外套等X型廓型的板型结构设计。

【应用实例】女式春秋外套

1. 款式概述

三开身结构,前腰省开暗口袋、连翻领、门襟夹扣襻,二片袖,全衬里。

面料:羊毛女式呢,里料:人丝里子绸,回缩率2%。

2. 成衣规格(表3-3)

表3-3 160/84A 号型成衣规格

单位:cm

部 位	衣 长	胸 围	后腰节	前腰节	肩 宽	袖 长	领 围
规 格	72	100	40	41	40	56	39
公式松量	4/10号+8	型+16	号/4	号/4+1	肩宽+1	3/10号+8	颈围+5
应用规格	73.4	102	40.8	41.8	40.8	57	39.8

3. 主要控制部位比例公式(表3-4)

表3-4 主要控制部位比例公式

单位:cm

部位 \ 比例	前 片	后 片
衣 长	衣长规格+1	衣长规格
落 肩	胸围/20	胸围/20-1
袖窿深	胸围/6+7	胸围/6+7
腰 节	前腰节=号/4+1	后腰节=号/4
侧缝宽	胸围/4+1	胸围/4
肩 宽	肩宽/2	肩宽/2
胸背宽	胸宽=前肩宽-2.5	背宽=后肩宽-2
领口宽	领围/5	领围/5
领口深	领围/5+1.5	2.3
袖 围	胸围/5-2	胸围/5-2
袖山高	AH/3	

4. 板型结构图（图3-2）

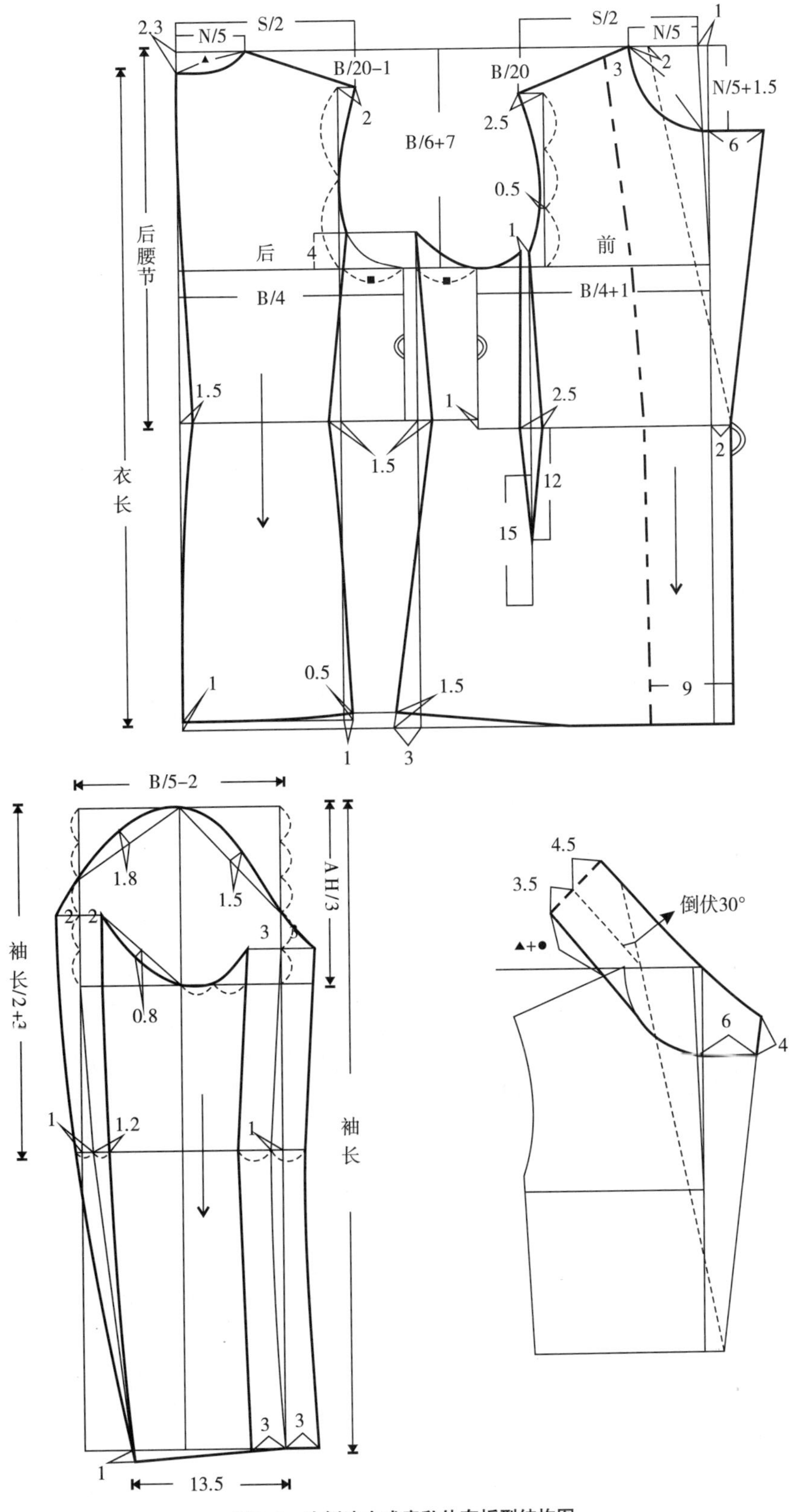

图3-2　比例法女式春秋外套板型结构图

（三）“四开身”宽松外套板型结构

宽松类“四开身”结构，根据板型结构特点胸围部位松量值设置范围在 20 ～ 24cm 之间，其他相关部位数据以胸围成衣规格为基数按比例分配推算，例如：落肩、袖窿深、袖围等。这样能够保证服装整体与局部比例的协调性，以及衣身结构、身袖结构的严谨性。另外，根据宽松类外套应用范围广这一着装特点，在设计成衣规格环节着装季节、面料材质及厚度等客观因素对服装造型效果的影响也是不容忽视的。

【应用实例】夹克衫

1. 款式概述

四开身结构，立领、门襟装拉链、衣身侧缝立开口袋，前、后衣身过肩育克，下摆、袖口上克夫，下摆、袖口、过肩、领子、袋口缉 0.5cm 宽明线，全衬里。面料：牛仔布、皮革等，里料：尼龙绸、美丽绸均可，回缩率 3%。

2. 成衣规格（表 3–5）

表3–5 160/84A号型成衣规格

单位：cm

部 位	衣 长	胸 围	下摆围	肩 宽	袖 长	领 围
规 格	66	104	96	42	56	40
计算公式	4/10 号 +2	型 +20	臀围 +4	肩宽 +3	3/10 号 +8	颈根围 +3
应用规格	68	107	99	43	57	41

3. 主要控制部位比例公式（表 3–6）

表3–6 主要控制部位比例公式

单位：cm

部位 \ 比例	前 片	后 片
衣 长	衣长规格 –6	衣长规格 –6
落 肩	胸围 /20	胸围 /20–1
袖窿深	胸围 /6+7	胸围 /6+7
摆缝宽	胸围 /4	胸围 /4
肩 宽	肩宽 /2	肩宽 /2
胸背宽	前胸宽 = 前肩宽 –2.5	后背宽 = 后肩宽 –2
领口宽	领围 /5–0.3	领围 /5
领口深	领围 /5	2
袖 围	前 AH	后 AH
袖山高	胸围 /10+3	胸围 /10+3
袖口围	前袖口 = 胸围 /5+4	后袖口 = 胸围 /5+4

4. 板型结构图(图 3-3)

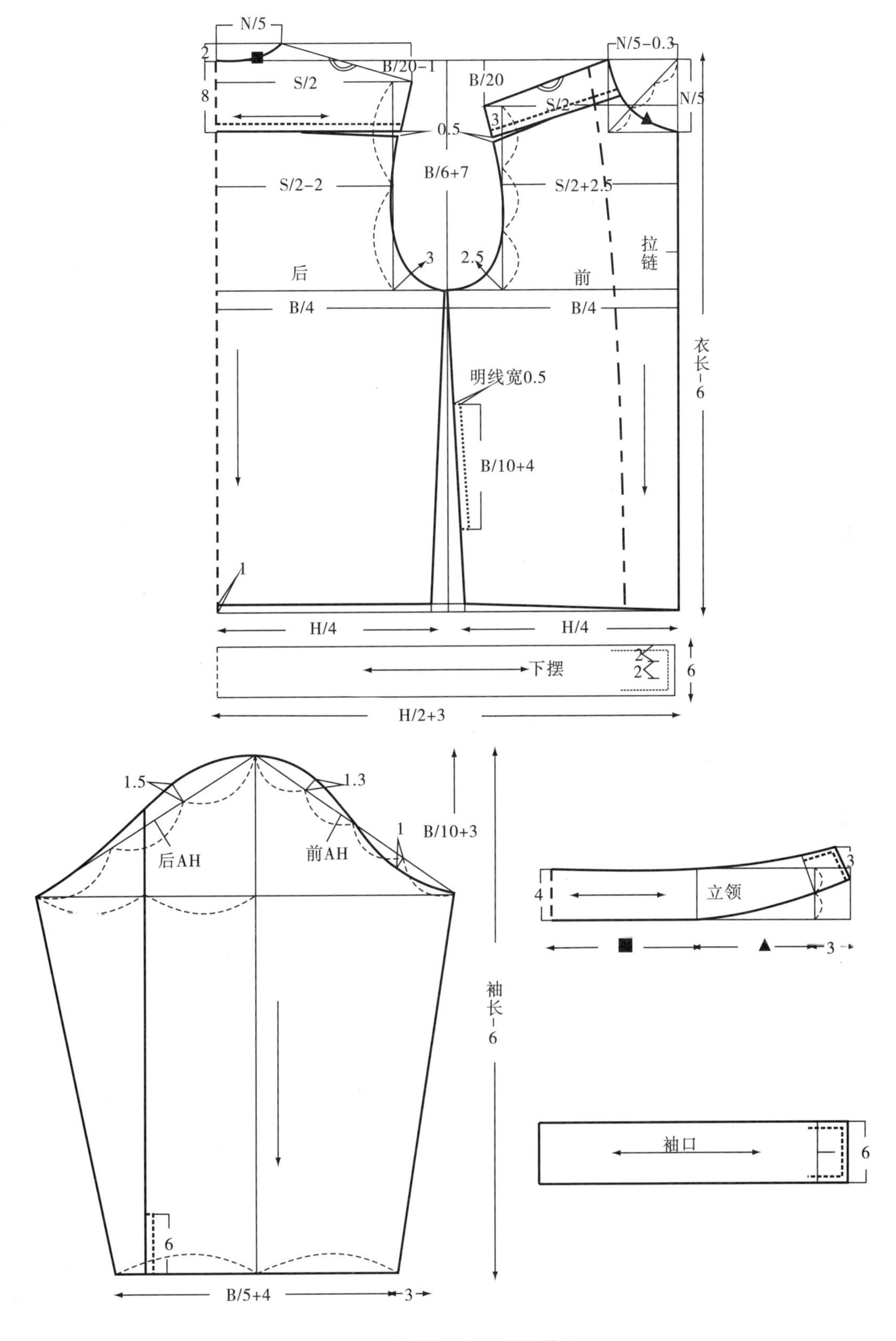

图3-3　比例法夹克衫板型结构图

第二节 原 型 法

一、原型法概念

原型法是一种外来制版方法，属于平面制版范畴。首先，确定人体基础部位号型规格，包括胸围、腰围、臀围、背长、臂长、肩宽，运用比例分配加常数调整的数学方法推算出服装与人体结构相关部位的规格，并概括为平面基础结构形式——原型；然后，以原型为依据、服装结构设计原理为技术指导，采取加放、缩减、转移、分解、分割等手段，设计出能够完美展现款式廓型创意的服装结构形式——板型。原型法强调板型结构与人体结构的条件关系，科学、严谨的服装结构设计理论体系为服装板型设计提供了充分的理论根据。

二、原型的分类

原型结构是设计服装板型结构的基础，根据应用范畴的不同分类各有区别。例如：按照成衣生产制造行业分类：外套原型、西服原型、衬衣原型、内衣原型等；按照人种体征特点分类：英式原型、美式原型、法式原型、日式原型、标准原型；按照性别年龄分类：男装原型、女装原型、少女原型、童装原型等；按照应用范畴分类：教学型、工业型、定制型。这些应用原型不论板式有何特点，其设计原理都必须符合人体结构的基本规律，具备科学、严谨的可操作性。

1. 覆盖人体部位分类法

原型是人体结构的平面复制图形无任何款式含义。按照人体部位可将原型划分为前后衣身原型、袖子原型、裙子原型、裤子标准型。

2. 应用领域分类法

根据应用领域可将原型划分为标准原型、工业原型、定制原型。

（1）标准原型：以标准人体（胸围、腰围、臀围、背长、臂长、肩宽）内限规格为基数，按照比例分配计算出相关部位数据，并概括基础结构形式——标准原型。标准原型的板式及结构都是根据人体体征结构而确定，准确的诠释了人体结构与服装结构的条件关系无款式含义，非常适宜在教学中使用。

（2）工业原型：工业原型是标准原型的多种应用形式，设计师根据成衣产品类型特点针对标准原型进行再设计，将标准原型调整为具有成衣产品特点的应用原型。常见的工业原型包括衬衣原型、西服原型、外套原型、礼服原型等。

（3）定制原型：基于标准原型和个体特征而订制的原型，强调个体化、个性化、时尚化，适用于高档成衣定制及个性化服装的板型设计。

3. 性别、年龄分类法

根据着装者年龄、性别、体征形态的不同，原型可划分为成人男装原型、成人女装原型（妇人型、少妇型）、少女型原型、少年型原型、童装型原型。

4. 松量值分类法

原型类型主要以胸围加放松量值为参数进行分类，根据服装与人体相对空间状态的不同可划分为：紧身型原型、半紧身型原型、合身型原型、半宽松型原型、宽松型原型。常规服装类型胸围加放松量值对照表见第二章。

三、原型法特点

1. 原型板式规范结构严谨

原型是以人体或人体模型为载体的基础结构形式，无论是各部位制版数据还是分配比例都是经过长期大量的技术论证和实践检验后确认的结果，具有科学、严谨的可操作性。因此，原型样板结构形式的合理性是毋庸置疑的。

2. 松量值分配明确

制作原型样板，首先要确认服装型号及号型规格，包括胸围、腰围、臀围、肩宽、背长、袖长。然后，以此为基数加放基础松量值（B：12cm、W：2cm、H：4cm），目的是根据胸、腰、臀三围差量关系按比例分配“省量”和“松量”。另外，对于“半宽松型”和“宽松型”板型结构，在基础“松量值”以外需要追加的“松量值”部分也要按比例分配，并对板型结构作适当调整。一般情况基础松量值是定量，追加松量值是变量，其分配比例要根据服装板型结构形式作具体设置，以求得前后衣身板型结构的合理化、规范化，为成衣廓型拓展设计空间。

3. 系统的“省移”原理

原型法针对服装板型结构形式建立了符合人体形态特征的、系统的“省道设计原理”体系，并以此作为板型构成形式的理论依据，使得复杂的板型结构设计不再只是凭借经验师承，一改形式与内容相脱节而变得形式与内容相统一、有章可循。

四、女装直身型原型制作方法

在这里我们向大家介绍的直身型原型，是在日本“文化式”原型基础上根据我国人体结构特征以及应用实践需要而设计的——津式原型。首先，为了准确把握肩与胸、背宽的比例关系及廓型结构，采用了按照肩宽规格直接定量代替以背宽订肩宽的推算方法，以此保证肩部结构与人体的吻合度。另外，“文化式”原型衣身侧缝线定位采取向后借量的分割形式，胸、腰差量的分配比例前多后少，这样容易造成前后腰省用量不确定、前后衣身胸腰结构分配比例失衡等问题。在设计实践中，根据廓型创意衣身原型侧缝线位置通常是随着腰省总量的分解、组合而前后移位，例如三开身、四开身等，胸、腰、臀三围间的差量关系是以省量、褶裥、分割线等形式相互协调确定板型结构。故此我们采用了直身型原型结构形式，将胸、腰围度间总差量按照施量区域做出明确划分。前衣身：腰围总省量 =（胸围 + 基础松量）/4-（腰围 + 基础松量）/4，腋下省量（乳凸量）= 胸围 /24，“前腰省”和“腋下省”的设置及用量根据体征特点和款式廓型定量使用。后衣身：腰围总省量 =（胸围 + 基础松量）/4-（腰围 + 基础松量）/4，肩省量 =1.5cm，“肩省”和“后腰省”的实际用量根据款式廓型定量使用。这样从衣身省量设置及用量的角度调节板型结构形式，根据人体结构确定板型结构，为款式廓型奠定充分的理论根据。

（一）原型规格

原型规格即号型规格，是制作原型样板必须的技术条件。成衣大生产模式下的工业原型，通常以标准原型为基础按照产品类型及品牌风格，在号型系列规格标准中提取所需型号的号型规格，具体部位包括：胸围、腰围、臀围、背长、袖长、肩宽，然后制作应用原型即工业原型；制作定制原型要对受用者体征进行实际测量确认净体规格。因此，原型规格根据原型类型不同获取方法各有区别。这里我们介绍的女性直身型衣身、袖原型（标准型）按照国际标准以右半衣身制图为例，号型规格见表3–7。

表3–7　号型：160/84A　　单位：cm

部位	胸围B	腰围	背长	肩宽S	臂长
规格	84	68	38	39	50.5

（二）女装直身型原型制版

1. 衣身原型（图3–4，图3–5）

（1）作长方形：取水平方向长度为胸围/2+6 cm（放松量），垂直方向长度为背长作长方形，长方形的四边分别为前中线、后中线、上平线、腰辅线。

（2）基础分割线：从上平线沿前、后中线分别向下量取胸围/6+7.5cm，作水平线为袖窿深线，在袖窿深线上分别从前、后中线量取胸围/6+3 cm和胸围/6+4.5 cm作垂线交于上平线，两线分别为胸宽线和背宽线。取袖窿深线中点作腰辅线垂线为前、后衣身的分界线（图3–4）。

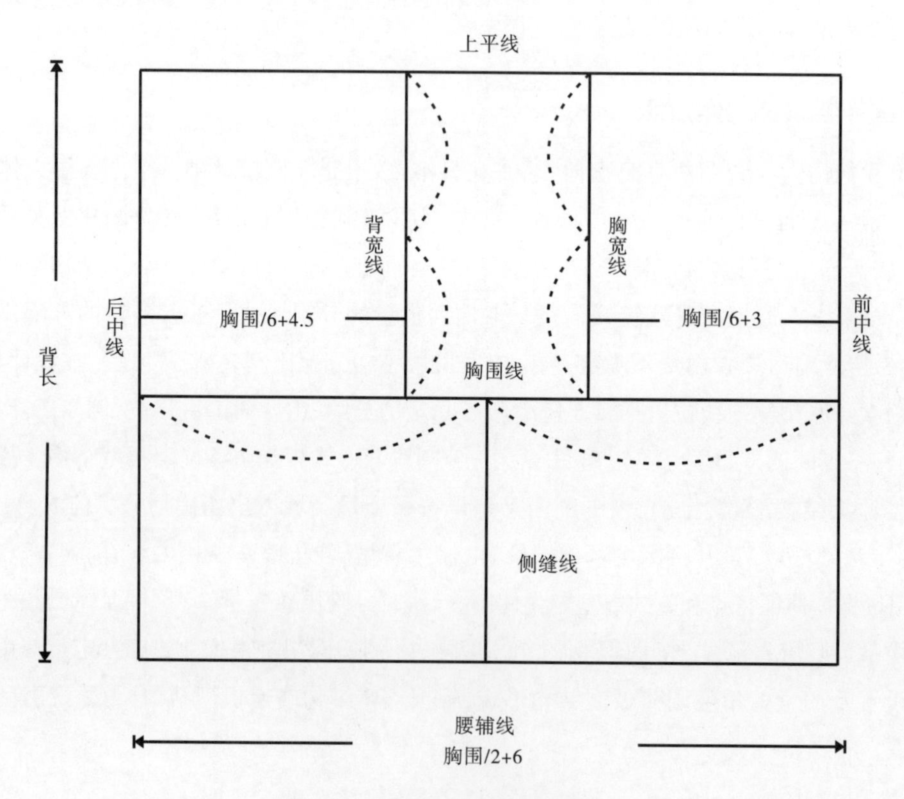

图3–4　女装直身型原型衣身辅助线

（3）后领口弧线：从后中线顶点水平量取胸围 /12 作为后领口宽，自该点向上量取后领口宽 /3 作为后领口深，用平滑曲线连接后领口弧线。

（4）前领口弧线：在上平线上自前中线顶点量取后领口宽 –0.2cm 为前领口宽，向下量取后领口宽 +1 为前领口深作矩形。自前领口宽与上平线交点向下量取 0.5 ㎝为前侧颈点，矩形右下角为前颈点，用平滑曲线连接前领口弧线。

（5）后小肩斜线：以肩宽 /2+1.5 自后中点沿上平线量取后肩宽（包含后肩省），自该点向下量取后领口宽 /3 确定后肩点，直线连接后侧颈点和后肩点完成后小肩斜线。

（6）前小肩斜线：自胸宽线与上平线的交点向下量取后领口宽 2/3 作胸宽线的垂线，自前侧颈点向垂线方向量取后肩线 –1.5 ㎝为前小肩斜线。

（7）袖窿弧线：在背宽线上取后肩点至袖窿深线的中点为后袖窿弧线与背宽线的切点；在胸宽线上取前肩点至袖窿深线的中点为前袖窿弧线与胸宽线的切点；连接前肩点、胸宽点、袖窿底点、背宽点、后肩点作袖窿弧线。

（8）胸乳点：在前片袖窿深线上量取胸宽 /2 向后身方向偏移 0.7 ㎝，向下作袖窿深线的垂线，垂线长 4 ㎝处为胸乳点，即“BP”点。

（9）前、后腰线和侧缝线：确认后中线至分界线间的后腰辅助线为后腰线，自前腰辅线向下量取前领口宽 /2 作为乳凸量，作前腰辅线的平行线与分界线的延长线相交，分别连接前腰线和侧缝线。

（10）基础省设置：后衣身基础省：肩胛省和腰省，前衣身基础省：腋下省（乳凸量）和腰省。

（11）确定袖窿符合点：背宽点向下 3 ㎝处作标记点为后袖窿符合点 b；胸宽点向下 3 ㎝处作标记点为前袖窿符合点 a。完成原型制版（图 3–5）。

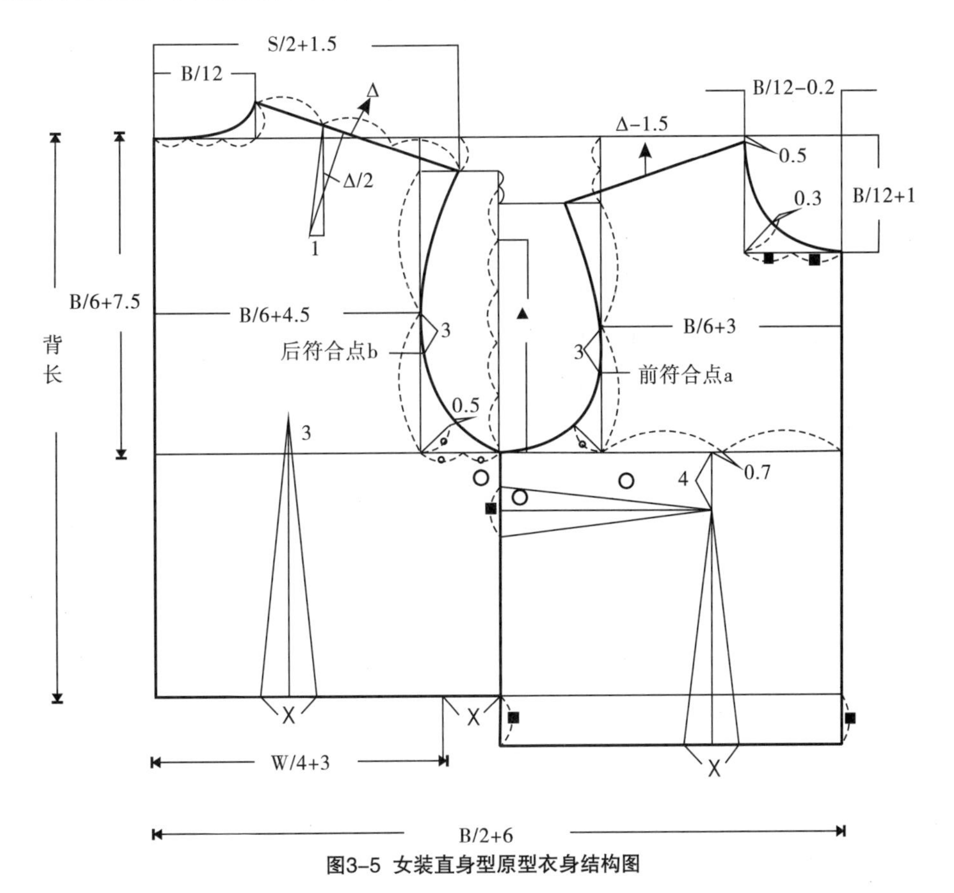

图3–5　女装直身型原型衣身结构图

2. 袖子原型(图 3-6,图 3-7)

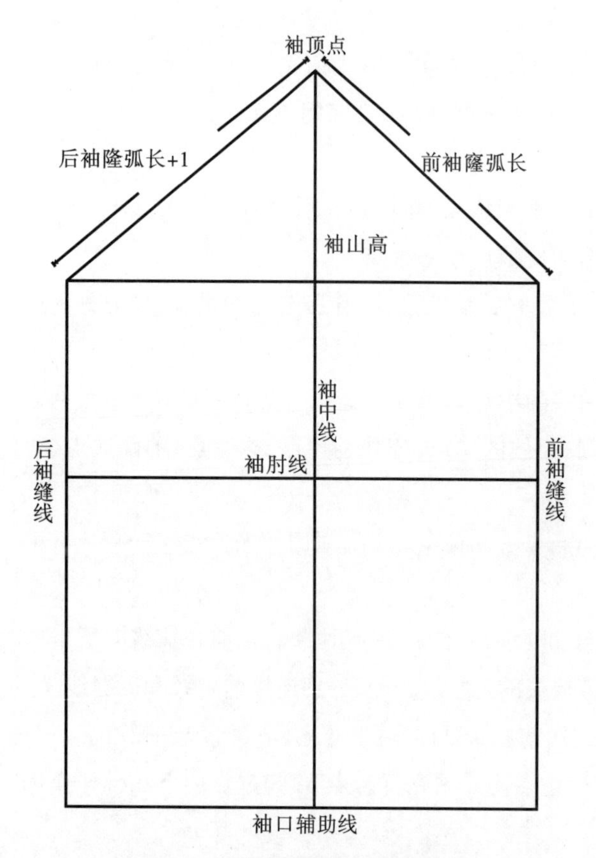

图3-6　女装直身型原型袖子辅助线

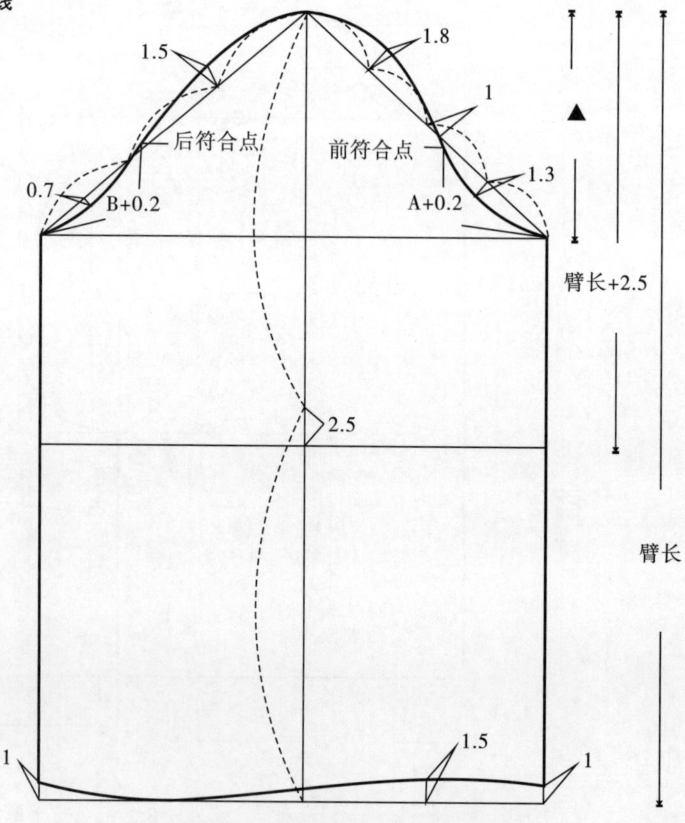

图3-7　女装直身型原型袖子结构图

（1）袖中线：根据臂长规格作 T 型辅助线，确认原型袖中线、袖顶点、袖长辅助线。

（2）袖山高：以衣身前、后肩点垂直距离的中点至袖窿深线距离的 4/5 确定袖山高数据，从袖顶点沿袖中线向下量取袖山高尺寸垂直于袖中线作落山线（袖宽定位线）。

（3）前后袖肥：从袖顶点分别量取前 AH 和后 AH+1cm，作袖山斜线与落山线相交，确认前、后袖肥。

（4）袖肘线：量取袖顶点至袖长辅助线的中点下移 2.5cm 作水平线，确认袖肘线。完成袖子原型辅助线（图 3–6）。

（5）前后袖缝线：从前后袖宽点作垂线相交于袖长辅助线，确认前后袖缝线。

（6）袖山弧线：前袖山斜线四等分，靠近袖山顶点的等分点垂直向外 1.8cm，靠近前袖窿底点的等分点垂直向内 1.3cm，袖山斜线中点向下 1cm 为前袖山弧线的转折点；后袖山斜线三等分，靠近袖山顶点等分点向外 1.5cm，靠近后袖窿底点等分点为后袖山弧线的转折点，转折点至后袖窿底点的中点处凹进 0.7 ㎝。最后曲线连接袖山弧线。

（7）袖口弧线：分别确认前、后袖口辅助线的中点，在前袖口辅助线中点处凹进 1.5cm，后袖口辅助线中点为切点，在袖口辅助线两端分别向上移 1cm，最后曲线连接袖口弧线。

（8）袖符合点：袖符合点是袖子与衣身袖窿缝合的对位点，后袖符合点取衣身后符合点至袖窿底点间的弧线长度加上 0.2cm（袖山吃量）；前袖符合点取衣身前符合点至袖窿底点的弧线长度加上 0.2cm（袖山吃量），分别作标记点 a、b，完成袖子原型制版（图 3–7）。

（三）原型对位验证

衣身与袖子原型制作完成后，将前后小肩斜线对位、前后肩点与袖山顶点对位，验证前后领口弧线、前后袖窿弧线是否圆顺，小肩斜线与袖中线是否在一条直线上，袖山弧线与袖窿弧线间差量值掌握在 2 ～ 3cm，前后符合点至袖窿底点间总差量 0.4cm 即可。女装直身型原型样板经过验证确认以后方能使用（图 3–8）。

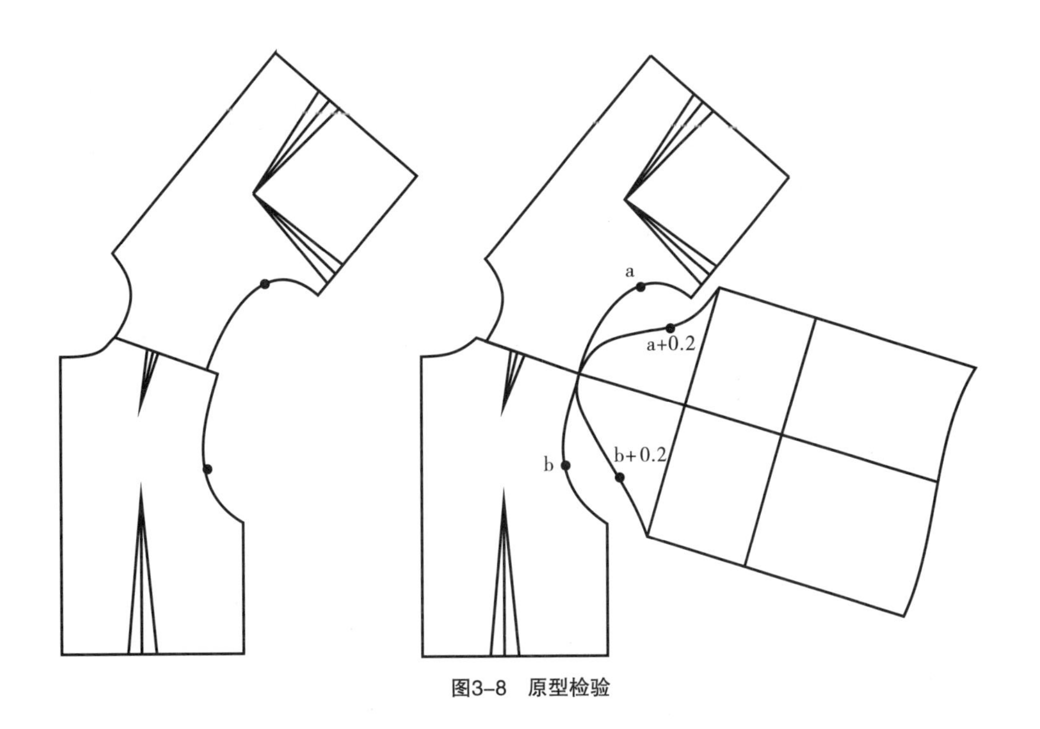

图3–8　原型检验

原型是服装与人体相关部位高度概括的平面构成形式，它只反映服装的基本结构不包括款式设计因素。原型在制作过程中主要以胸围、腰围、肩宽、背长、臂长的号型规格为理论依据进行制版。衣身原型胸围部位只需加放基本松量值（半紧身型），胸宽、背宽均按照胸围号型规格设置分配比例使之满足人体静动态功能，领口、省道数据均以胸围、腰围号型规格为依据进行比例推算来确定；袖子原型根据衣身原型袖窿结构、前后袖窿弧长和臂长数据经过比例推算确定。总之，原型直接且明确地诠释了服装基础结构与人体相关部位的条件关系，严谨的服装基础结构形式为服装板型设计提供了技术依据。

五、原型构成要素分析

（一）衣身原型

1. 围度松量值

衣身原型围度包括胸围、腰围。胸围规格主要用于确定胸围以及胸部相关部位的比例分配，例如：胸宽 = 胸围 /6+3cm，背宽 = 胸围 /6+4.5cm，前领口宽 = 胸围 /12−0.2cm，后领口宽 = 胸围 /12，前领口深 = 胸围 /12+1cm，后领口深 = 胸围 /36，袖窿深 = 胸围 /6+7.5cm（公式中常数均是非松量值）。腰围主要用于确定腰围规格以及分解前、后腰省量，例如：前腰省总量 =（胸围 /4+3cm）−（腰围 /4+3cm），公式中常数均是松量值。从以上原型各部位的分配比例我们可以看出：胸围、腰围加放松量值是确定腰部总省量的重要参数，其他部位均以胸围、腰围的号型规格为基数进行比例分配与加放松量值无关。胸围、腰围松量值的取值范围是决定服装构成形态的重要因素，胸围、腰围加放松量值相等服装廓型呈 X 型、胸围松量值小于腰围松量值服装廓型呈现 H 型或 A 型、胸围松量值大于腰围松量值服装廓型呈现 T 型。另外，塑造服装廓型臀围规格及加放松量值对板型结构的协调作用也是不可忽略的重要因素。

2. 省位、省量

“省”是用于修饰人体曲线变化的必要手段，以人体凸点为支撑面料由平面向立体转化贴服于人体。根据人体凸点确定省道位置，原型前后衣身凸点：胸凸点、肩胛凸点，前后衣身省位：前腰省、腋下省、后腰省、后肩省。

前衣身：前腰省总量 =（胸围 /4+3cm）−（腰围 /4+3cm），板型结构以腰省、褶裥、松量或造型量等形式达到修饰胸、腰、臀三围曲线变化的造型目的。

腋下省即乳突量 = 胸围 /24，该省可分解转移至袖窿、肩、领口等部位，以锥形省的形式修饰胸部曲线，或与前腰省组合对前衣身构成多种分割形式，例如公主线、肩育克等。

后衣身：后腰省总量 =（胸围 /4+3cm）−（腰围 /4+3cm），施量形式与前衣身近似，根据人体特征施量值一定要小于前腰省。

肩省 =1.5cm 为定值，该省可分解转移至袖窿与腰省组合对后衣身构成公主线分割形式，或分解至领口与袖窿弧线组合构成插肩结构形式。

3. 领口弧线

原型领口弧线是以人体颈部结构为支撑经过左右侧颈点、后第七颈椎、前颈窝下降 2cm 共计四点确定的弧线，领口形状前低后高左右对称，前后领口规格均以胸围号型规格为基数按比例分配。例如：前领口宽 = 胸围 /12−0.2cm，前领口深 = 领口宽 +1cm，后领口宽 = 胸围 /12，后领口深 = 胸围 /36。

4. 肩线

肩线包括肩宽规格和肩斜度。在实际设计中肩宽规格通常是指自左肩点经后中点(第七颈椎)至右肩点间距离;斜肩规格是侧颈点至肩点间距离。肩斜度是指肩的坡度也称落肩量。影响原型肩部结构的因素包括:肩部的厚度(袖窿宽)、肩斜度(落肩量 = 胸围 /18)、肩部向前倾斜度(前后落肩差)。

5. 背宽、胸宽与袖窿宽之比例

背宽、胸宽、左右袖窿宽之和构成胸围规格,根据人体对应部位静、动态的结构特点相互间呈正比例关系:背宽 > 胸宽 > 袖窿宽。以原型胸围加放松量 12cm 为例,背宽为胸围 /6+4.5cm、胸宽为胸围 /6+3cm,如果设定背宽、胸宽常数值为定数,那么袖窿宽受胸围松量值的影响最大,除去基础松量值以外追加松量值与袖窿宽松度成正比,追加松量值越大袖窿越宽松,这一点是完全符合人体工程学原理的,同时也为板型结构设计拓展了空间。

6. 袖窿深

即人体后中点至手臂根部的垂直距离。为了满足人体手臂根部静动态活动需求腋窝下降 2cm 确定为袖窿深最佳位置,即袖窿底点。对于原型来说,袖窿深为胸围 /6+7.5cm 是以胸围号型规格为基数按比例分配确定的基础位置(常数值为变量),在实际设计中根据板型结构形式的不同常数值的设置范围做适当调整,袖窿深与胸围追加松量值成正比。

(二)袖子原型

1. 袖山高

袖山高是指手臂内外长度的差量,根据人体手臂静动态需求确定袖山高最大值(图 3-9),而在实际设计中袖山高数据往往要根据服装廓型类别针对原型进行再设计。影响袖山高的因素有两方面:手臂与体侧的夹角,手臂在自然垂落状态下与体侧的夹角呈最小值,袖山高呈最大值,反之随着夹角增大袖山高缩短;相同服装廓型不同服装类型的袖山高与袖窿深成反比,松量值越大袖山高值越小。

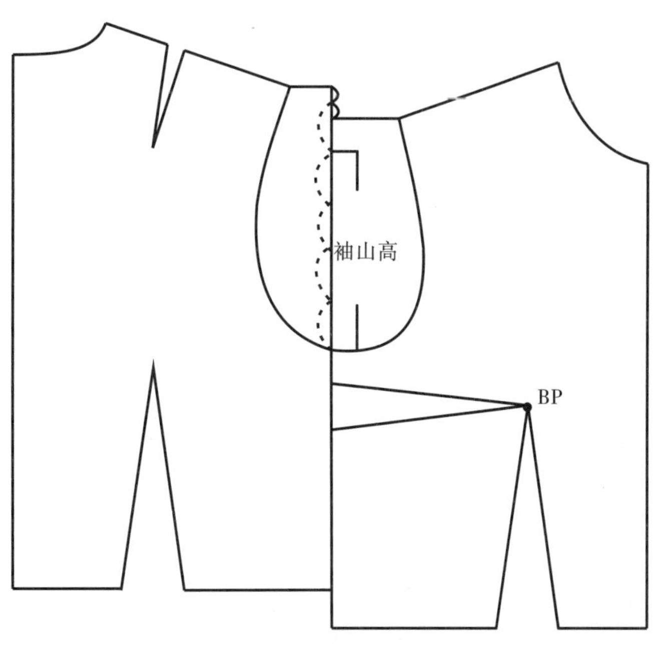

图3-9 女装原型袖山高

2. 袖山高与袖窿深

原型衣身袖窿深结构根据人体结构设定对应比例为胸围 /6+7.5cm，袖山高依据袖窿深结构设定对应高度协调相互间的比例关系，通常袖山弧长大于袖窿弧长 2 ～ 3cm。在实际设计中，当袖窿深根据追加松量值分配比例需要调整时袖山高也要作相应调整，例如：外套板型设计，根据外套着装的特性袖窿深按照追加松量值需要追加 1cm，那么袖山高也要在原有基础上追加 1cm 同时前后袖围量也要做相应调整，以保证袖山弧长与袖窿弧长的配比关系。另外，宽松类板型结构袖窿深需要追加量，同时肩袖结构又要满足动态需求，袖山高非但不能追加反而要做缩量调整，那么，袖山弧长的差量部分均在前后袖围处追加即可。

六、原型应用——女装外套

女装外套在女装范畴占居主导地位，廓型创意千变万化、构成形式姿态万千无不显现其引领时尚的典范作用。显然，这对于结构形式单一的“原型”来说很难适应板型设计需求，为了能够准确表达款式创意提高设计成效，设计师通常在板型设计之初都要根据款式创意针对“标准原型”进行再设计，以“标准原型“为基础运用服装结构设计原理制作应用原型，然后再以此结构形式为依据完成板型设计的全过程，这样大大提升了原型的可操作性。行业内应用原型通常被视为工业原型。

常见的女装外套板型构成形式：四开身结构形式和三开身结构形式。为了提高这两种构成形式的设计成效，我们以直身形原型为基础运用结构设计原理制作应用原型，其中包括四开身结构 H 型、X 型、A 型，三开身结构 X 型，六开身结构 X 型，八开身 X 型。在设计实践中，根根据廓型创意选择与设计主题相吻合的应用原型确定板型结构形式，可以使得服装板型的严谨性和观赏性达到极致。下面按照成衣的板型构成形式介绍几种常见的应用原型及对应外套板型结构。

（一）四开身结构 H 型

四开身结构形式以前后中线、左右侧缝线为等分位置，将衣身围度做纵向分割形成左、右对称前、后相似的构成形式。H 型构成形式也被称为“箱形”，是四开身构成形式的经典廓型，以胸部围度概括腰、臀围度，廓型洗练、概括、舒适，适宜表现多种风格的外套类型。在时装外套设计中也可以做两片设计应用，例如披肩类连袖结构就是将前后中线弱化，整体视为前后两片的结构设计形式。

【应用实例】箱形外套

1. 款式概述

关门领、四粒扣、双开线式斜插口袋缉 0.1cm 明线，领子、门襟缉缝 1.5cm 宽明线，全衬里。面料：苏格兰格呢，里料：美丽绸，回缩率 3%。

2. 成衣规格（表 3-8）

表3-8　160/84A 号型成衣规格　　单位：cm

部位	衣长 L	胸围 B	肩宽 S	背长 C	袖长 A	袖口宽
规格	100	104	39	38	55	14
备注	成衣规格数据含回缩值					

3. 板型设计与分析(图 3-10,图 3-11)

衣身板型:

根据款式创意设计胸围加放松量值 20cm。其中原型胸围已有基础松量 12cm,需要追加松量 8cm。首先,根据 H 型构成形式的特点确定衣身不设省缝,在衣身原型基础上将前腰省、后腰省分解为腰围松量,腰围松量大于胸围松量,腋下省的 1/2 分解转移至袖窿底点调整袖窿开度,后肩省量分别在后肩点和后领口宽点处去掉,分别调整后领口弧线、后袖窿弧线和后肩线。前后衣身原型以乳凸量 /2 对位完成无省 H 型应用原型(图 3-10)。在该无省 H 型应用原型基础上,绘制衣身板型,如图 3-11 所示。胸围追加松量值 8cm,按照放量采寸原则以应用原型为基础确定后侧缝、前侧缝、后中缝、前中缝的放量比为 2:1:0:1,前、后肩点升高量比为 0.5:0.5,袖窿开度量 2cm(为前后侧缝追加总量—前后落肩追加总量)。以应用原型为基础前领口深、领口宽均追加 1cm(这是追加松量的必然结果,对领子外观效果不会造成影响)。最后根据款式创意完成其他相关部位的板型设计。

关门领板型:

关门领板型尤其要注意领宽与领翘、领长与领口弧长的吻合关系,这些因素直接影响到领型的外观效果。领座宽 4cm、领面宽 6cm、后领翘 4cm、领尖长 6cm(图 3-11)。

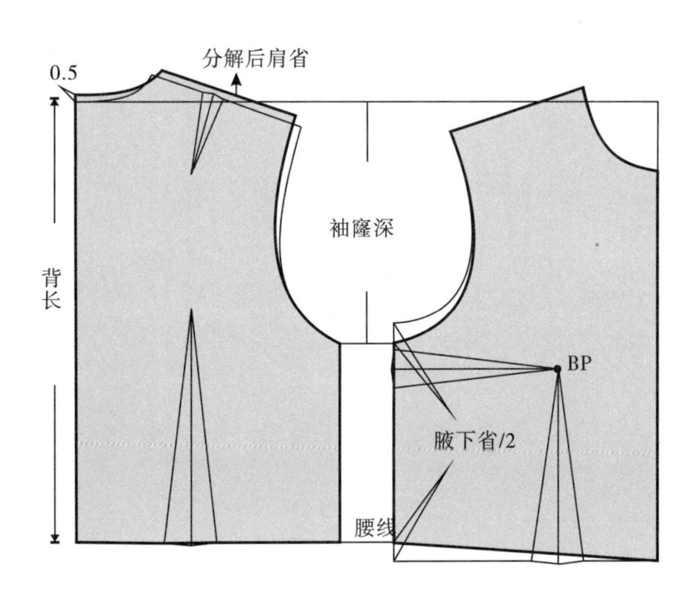

图3-10　H型应用原型

袖子板型:

根据衣身袖窿结构设计袖子板型结构。首先,以袖子原型为基础追加袖山高 2cm、前袖围 1cm、后袖围 2cm 调整袖山弧线,调整后的袖山弧长与衣身袖窿弧长差值掌握在 3cm 左右;然后,按照袖长成衣规格以袖子原型为基础追加剩余差量,在袖口处调整袖中线确定袖口中点,自该点分别量取前、后袖口宽,最后完成一片袖的板型设计(图 3-11)。

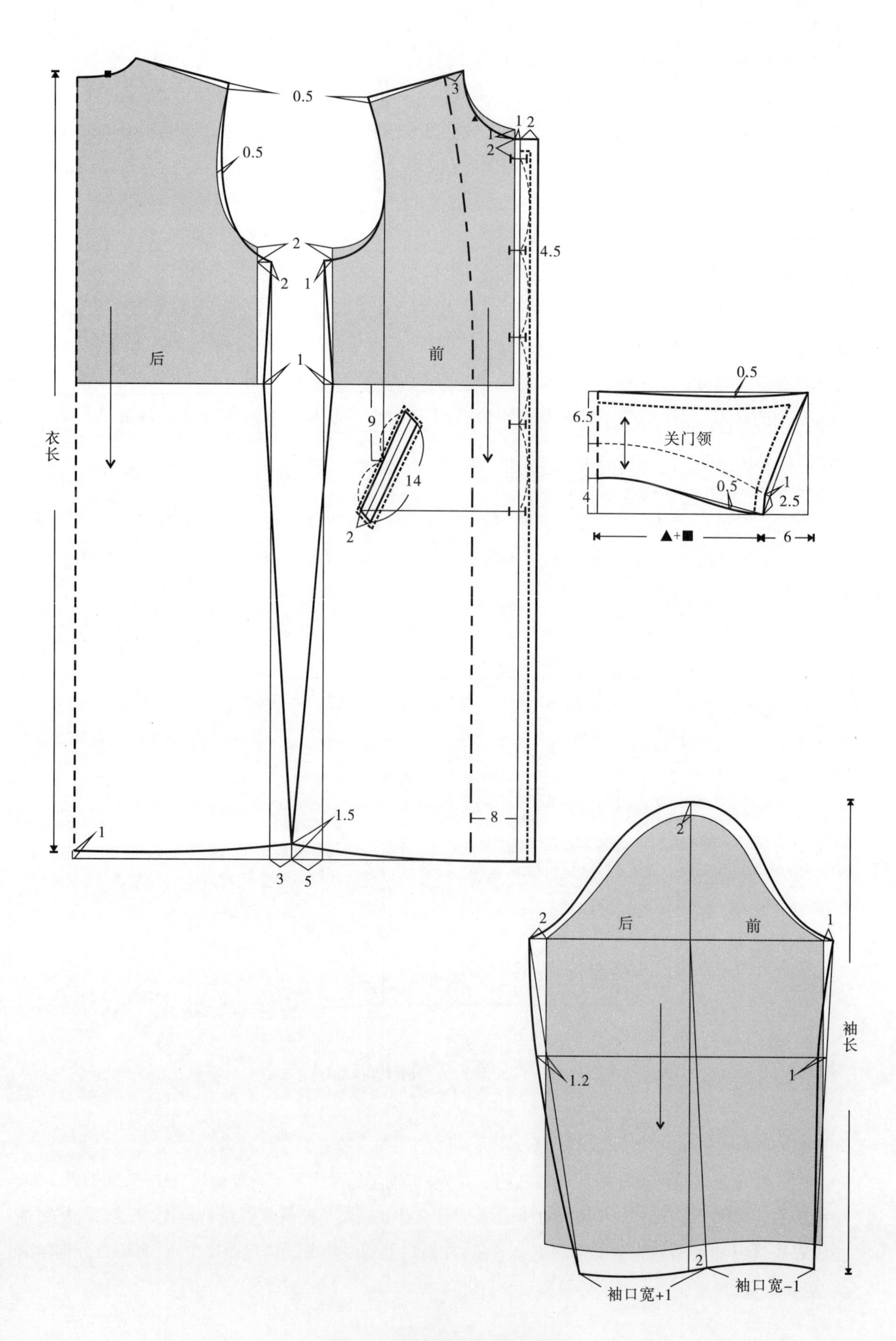

图3-11 原型法箱形外套板型结构图

【应用实例】宽松型短外套

宽松型结构是指服装外观形态呈现的宽松效果，这里有别于箱形外套为了调整着装内置空间追加放量的含义，属于“四开身”板型构成形式的另一类型。宽松型板型结构与箱型结构近似，但追加松量值要大于箱形外套的松量值，这一点直接影响到各部位数据的配比关系，因此板型结构有别于箱形结构。宽松型外观形态追求夸张、潇洒、随意的设计风格，结构采寸概括、明确，适宜展现宽松型外套设计创意。

1. 款式概述

立领、双排扣、宽松四开身、一片袖、袖口设一活褶、单开线斜插口袋。口袋、褶位缉 0.1cm 宽明线，全衬里。面料：根据穿着季节可采用毛织物、牛仔布、皮革等，里料：里子绸，回缩率 2%。

2. 成衣规格（表 3-9）

表3-9　160/84A号型成衣规格

单位：cm

部位	衣长	胸围	肩宽	背长	袖长	袖口宽
规格	55	106	39	38	55	12
备注	成衣规格数据含回缩值					

3. 板型设计与分析（图 3-12，图 3-13）

衣身板型：

根据宽松型外套设计特点胸围加放松量值 24cm。其中原型胸围基础松量 12cm、追加松量 12cm。首先，在原型基础作如下调整：前衣身腰省总量分解为前腰宽松量、腋下省全省分解至袖窿底点调整袖窿开度，后衣身腰省总量分解为后腰宽松量、后肩省分解至后肩点和后领口宽点调整后领口弧线、后袖窿弧线和后小肩斜线。腰围松量大于胸围松量衣身廓型呈 H 型，前后衣身以腰节线对位确定宽松 H 型应用原型（图 3-12）。在该宽松 H 型应用原型基础上，绘制衣身板型，如图 3-13 所示。

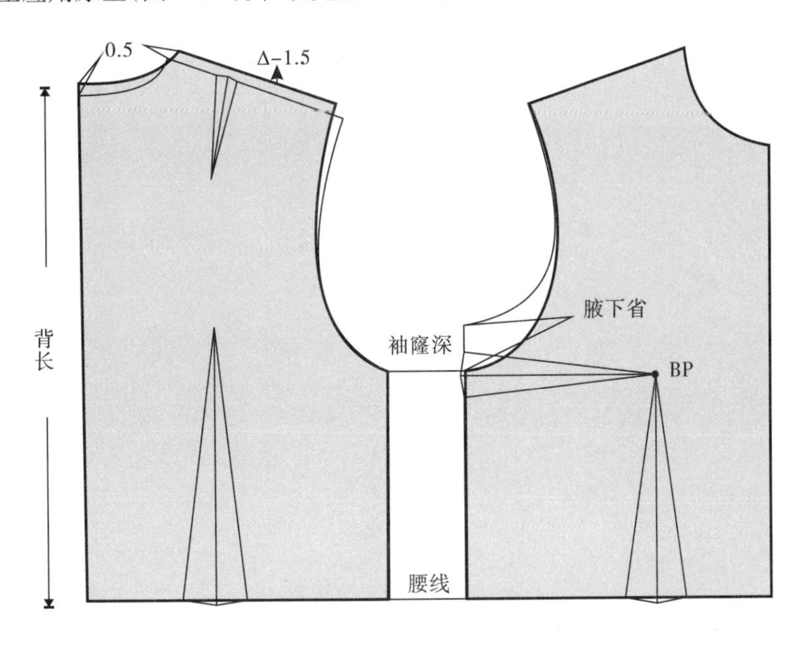

图3-12　宽松H型应用原型

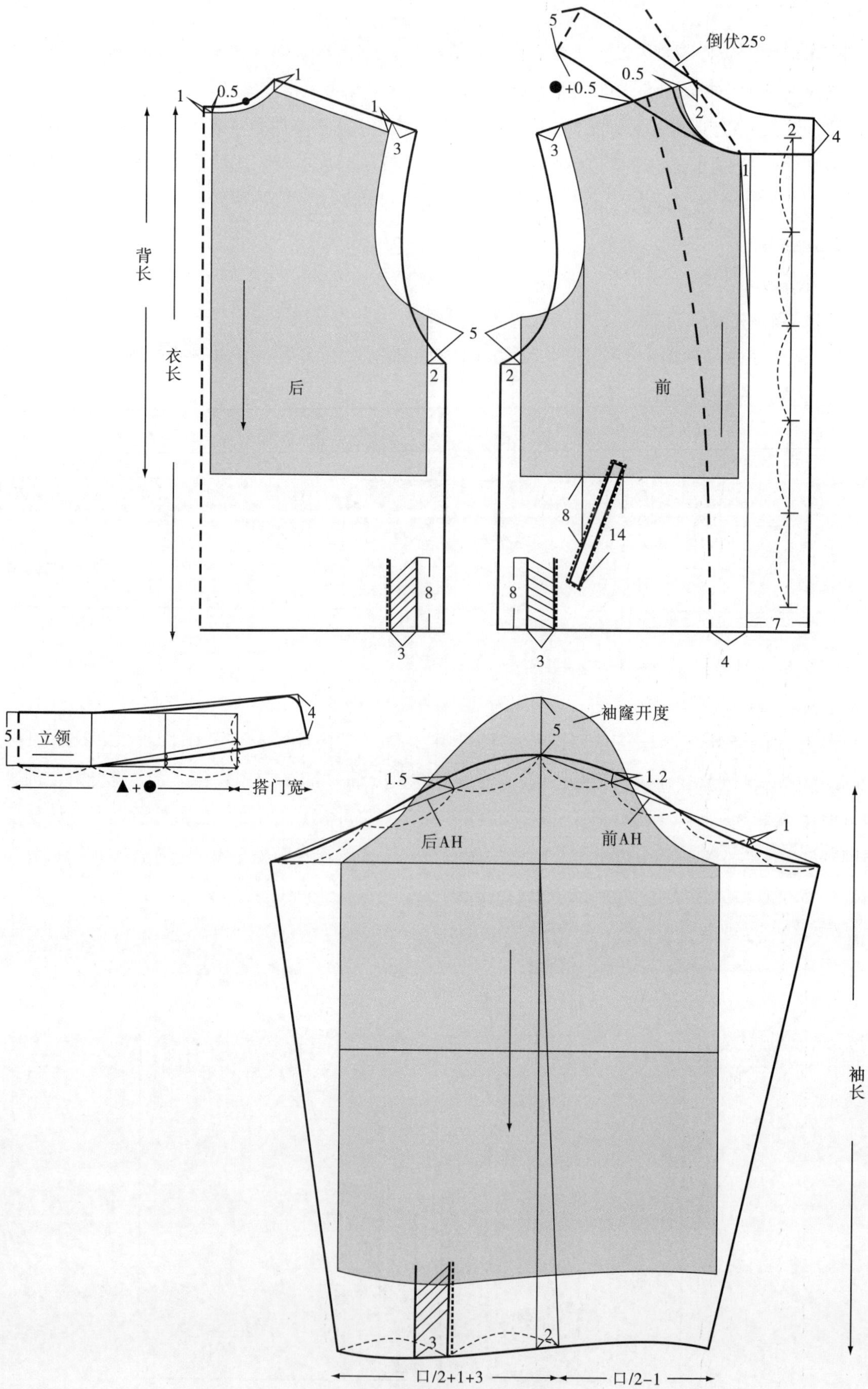

图3-13　原型法宽松型短外套板型结构图

胸围追加松量 12cm，按照放量采寸原则以应用原型为基础确定后侧缝、前侧缝、后中缝、前中缝的放量比例为 2：2：1：1，后肩线提升 1cm（是前后侧缝追加量之和的 1/2）、后侧颈点提升 0.5cm（后肩提升量 /2）、袖窿开度 3cm（前后侧缝追加量和 – 后肩提升量）。根据廓型特点袖窿开度再追加 2cm，前、后肩宽沿肩斜线追加 3cm（前后侧缝追加总量 –1）。最后以应用原型为基础完成相关部位的板型结构设计。

领子板型：

领窝结构制版法：驳口线倒伏角度以领外口弧线与颈部的服帖度为参数必须大于 25°，后领中线与领外口弧线、领底口弧线同时保持垂直，以保证领子与颈部的服帖关系。

比例分配制版法：确定领底口弧线的翘度，同时注意后领中线与领底口弧线和外口弧线的垂直关系。

领长 = 前领口弧长 + 后领口弧长 + 搭门宽，领宽 =5cm（图 3–13）

袖子板型：

依据宽松型衣身袖窿结构，以袖原型为基础袖山高做缩量调整（原型袖山高 – 衣身袖窿开度总量），用于补充手臂与体侧夹角增加手臂活动空间；前后袖围分别以宽松型袖窿弧长为基数重新确定。袖摆处以原型后袖口宽中点处设袖口活褶调整袖口结构（图 3–13）。

从以上两款板型结构我们发现 H 型结构具备以下特点：第一，H 型结构腰省总量均以松量的形式协调胸、腰、臀围度差量关系，腰围总松量大于胸围松量。第二，原型腋下省分解方法直接影响衣身袖窿结构和袖山结构，分解值与服装宽松度成正比。腋下省做全省分解作为袖窿松度处理，使袖窿开度最大，对应袖山高、袖围作放量调整，服装内置空间呈较宽松状态；腋下省作半省分解袖窿开度较宽松，对应袖山高、袖围作适量调整，服装内置空间呈适度宽松状态。第三，宽松型衣身前袖窿结构由于在腋下去掉了省量，使原型造型平面化，对追加松量的处理与后衣身相同，只需根据追加松量值按放量采寸原则分配即可，对应的袖山高做缩量调整，袖围依据宽松型袖窿弧长做定量调整。

（二）四开身结构 X 型

四开身结构 X 型具有内部结构严谨、外部廓型舒展、表现力强、应用范围广等特点，是最能展现女性曲线美的板型结构形式。在应用设计中，根据款式创意运用“省量分解与转移”的结构设计原理，采用分割线、缩褶等技术手法协调胸、腰、臀围度差量关系，构成适合人体曲面的 X 型廓型。经过大量设计实践验证，该种板型结构设计关键在于衣身省量的设计与分解。首先，根据腰省的作用，将前后衣身腰省总量分解为省量、撇量（造型量）、松量三部分，按照廓型创意设计施量值；然后，确定腋下省（乳凸量）为胸突最大值，采用直线或曲线分割形式合理的分解、转移、组合，例如肩省与腰省组合、袖窿省与腰省组合、领省与腰省组合等，使成衣板型结构与人体结构的吻合度达到最佳效果。另外，松量和撇量是省量的另一种表现形式，松量主要用于控制服装与人体的相对空间，撇量对于款式造型起着辅助协调作用，在设计实践中是不可忽视的。以下介绍几种四开身 X 型女装外套板型结构形式。

【应用实例】半紧身型短外套

1. 款式概述

驳口领、束腰带、贴口袋、通领公主线、一片袖，全衬里。面料：纯毛女式呢；里料：真丝里子绸，回缩率 3%。

2. 成衣规格(表 3–10)

表3–10 160/84A号型成衣规格 单位：cm

部位	衣长 L	胸围 B	肩宽 S	背长 C	袖长 A	袖口宽
规格	70	100	39	38	55	13
备注	成衣规格数据含回缩值					

3. 板型设计与分析(图 3–14, 图 3–15)

衣身板型：

根据半紧身型短外套廓型特点设计胸围加放松量 16cm，其中原型基础松量 12cm、追加松量 4cm。首先，以原型为基础 X 型胸、腰结构作如下设计：前衣身腰省总量分解为腰省：2.5cm、侧缝撇量：1.5cm，腋下省做全省转移至前领口与腰省组合构成对前衣身分割形式；后衣身要省总量分解为腰省 2cm、后中线撇量：1cm、侧缝撇量 1.5cm，肩省转移至后领口与后腰省组合构成对后衣身分割形式，前后腰围线对位确定 X 型应用原型(图 3–14)。在该 X 型应用原型基础上绘制衣身板型，如图 3–15 所示。胸围追加松量 4cm，按照放量采寸原则以应用原型为基础确定前侧缝、后侧缝、前中线、后中线的放量比例为 0∶1∶1∶0，由此得出后侧缝追加松量 1cm、前中线追加松量 1cm、后肩提升量 0.5cm (是前后侧缝追加松量和 /2)、袖窿开深量 1cm、前后领口宽追加 1cm。该款式为驳口领束腰带门襟可不设扣位，搭门宽 3cm。按照款式创意进一步完成相关部位板型结构设计(图 3–12)。

袖子板型：

根据衣身袖窿结构设计袖山结构，以袖子原型为基础自袖顶点向上提升上 1cm（袖窿开度）增加袖山高、后袖围追加 1cm，调整后的袖山弧长与衣身袖窿弧长差量 3cm 左右。然后，按照袖长成衣规格确定实际袖长位置，以袖子原型中线为基础调整 2cm 确定袖口中点，自该点分别量取前、后袖口宽，在后袖口宽中点处施加袖肘省 2cm。最后完成一片袖板型设计(图 3–15)。

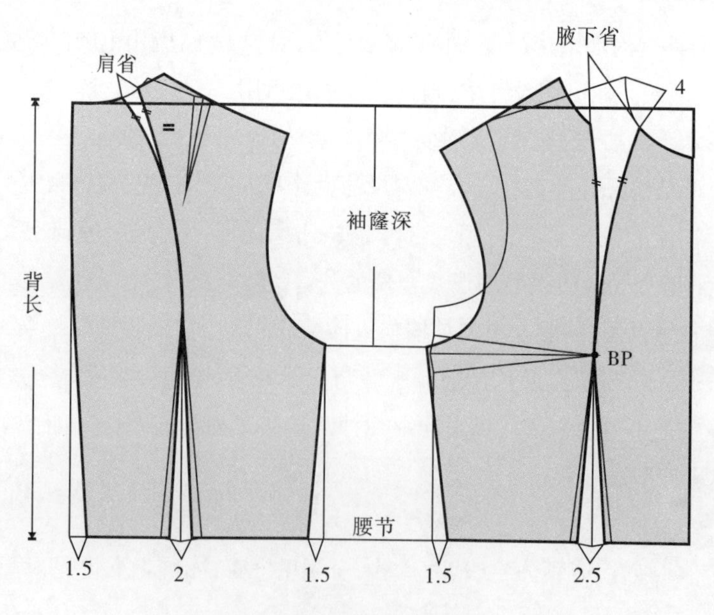

图3–14 半紧身X型应用原型

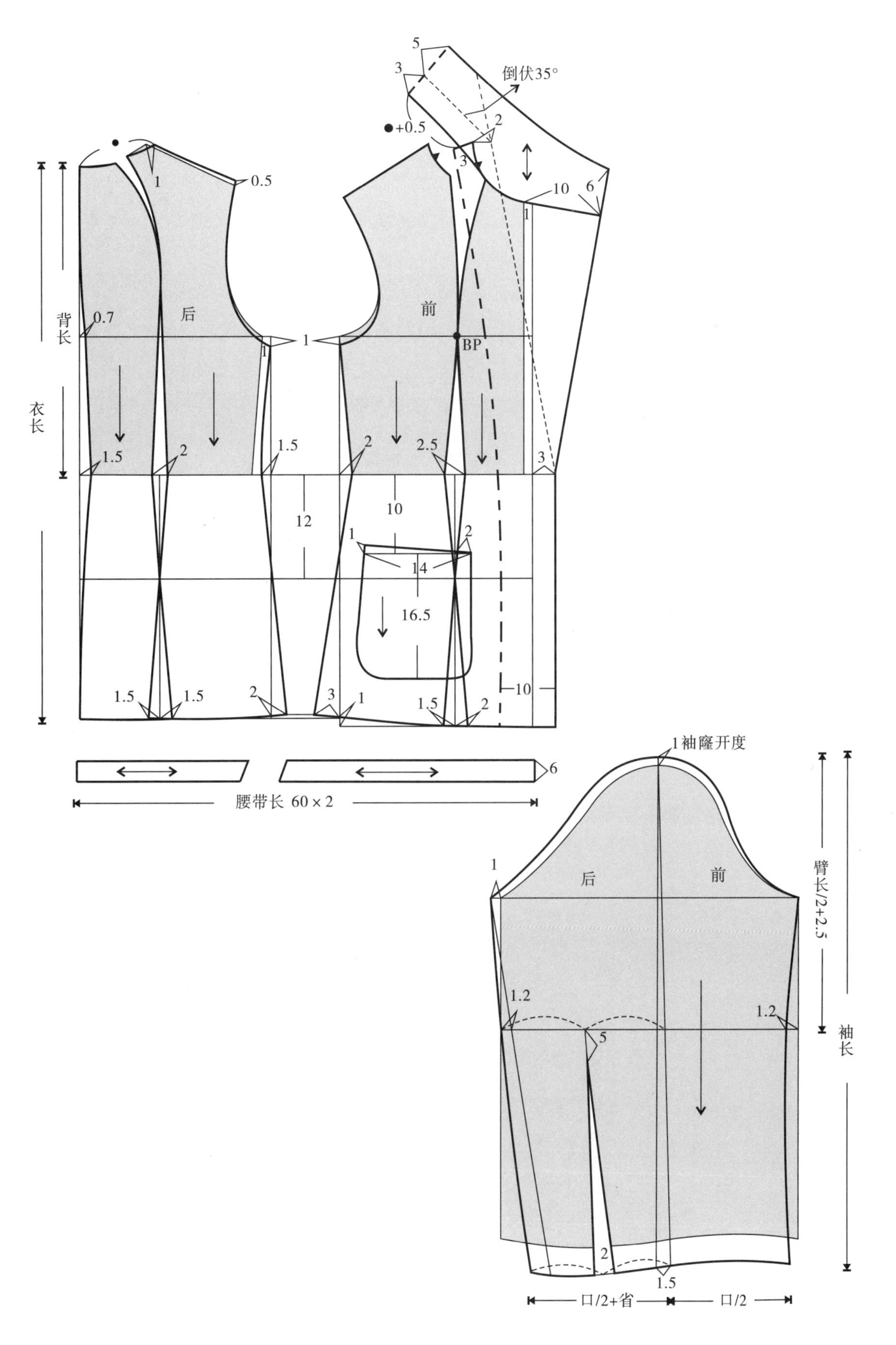

图3-15　半紧身型短外套板型结构图

连驳领板型：

这款领型属于驳口领的一种特殊款式，驳头与肩领组合为连翻领结构形式。领座宽3cm、领面宽4cm、驳口线倒伏角25°、驳头宽7cm（图3-15）。

【应用实例】刀背公主线长外套

刀背公主线即经过胸、背区域与腰省连接构成的刀背型分割线，前衣身刀背公主线是前腰省与前袖窿省的组合形式、后衣身刀背公主线是后腰省与后袖窿省的组合形式。公主线结构是女装外套最能体现女性曲线魅力的板型结构形式。

1. 款式概述

驳口领、单排三粒扣、刀背公主线八开身、横开袋板、两片袖，全衬里。面料：羊绒大衣呢，里料：纯丝美丽绸，回缩率3%。

2. 成衣规格(表3-11)

表3-11　160/84A号型成衣规格　单位：cm

部位	衣长L	胸围B	肩宽S	背长C	袖长A	袖口宽
规格	100	104	39	39	55	14
备注	成衣规格数据含回缩值					

3. 板型设计与分析(图3-16，图3-17)

衣身板型：

根据外套廓型特点设计胸围加放松量20cm，其中原型基础松量12cm、追加松量8cm。首先，以原型为基础制作刀背公主线应用原型，前衣身BP点向侧缝偏移3cm确定前腰省位置及省量2.5cm，腋下省半省分解转移至袖窿与前腰省组合确定刀背公主线位置；后衣身肩省转移至袖窿与腰省组合

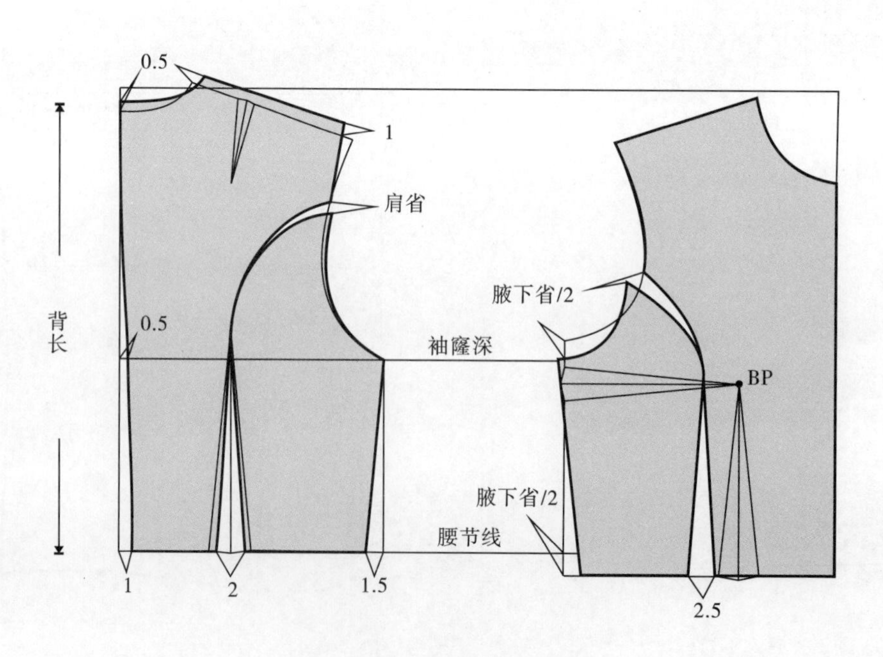

图3-16　刀背公主线应用原型

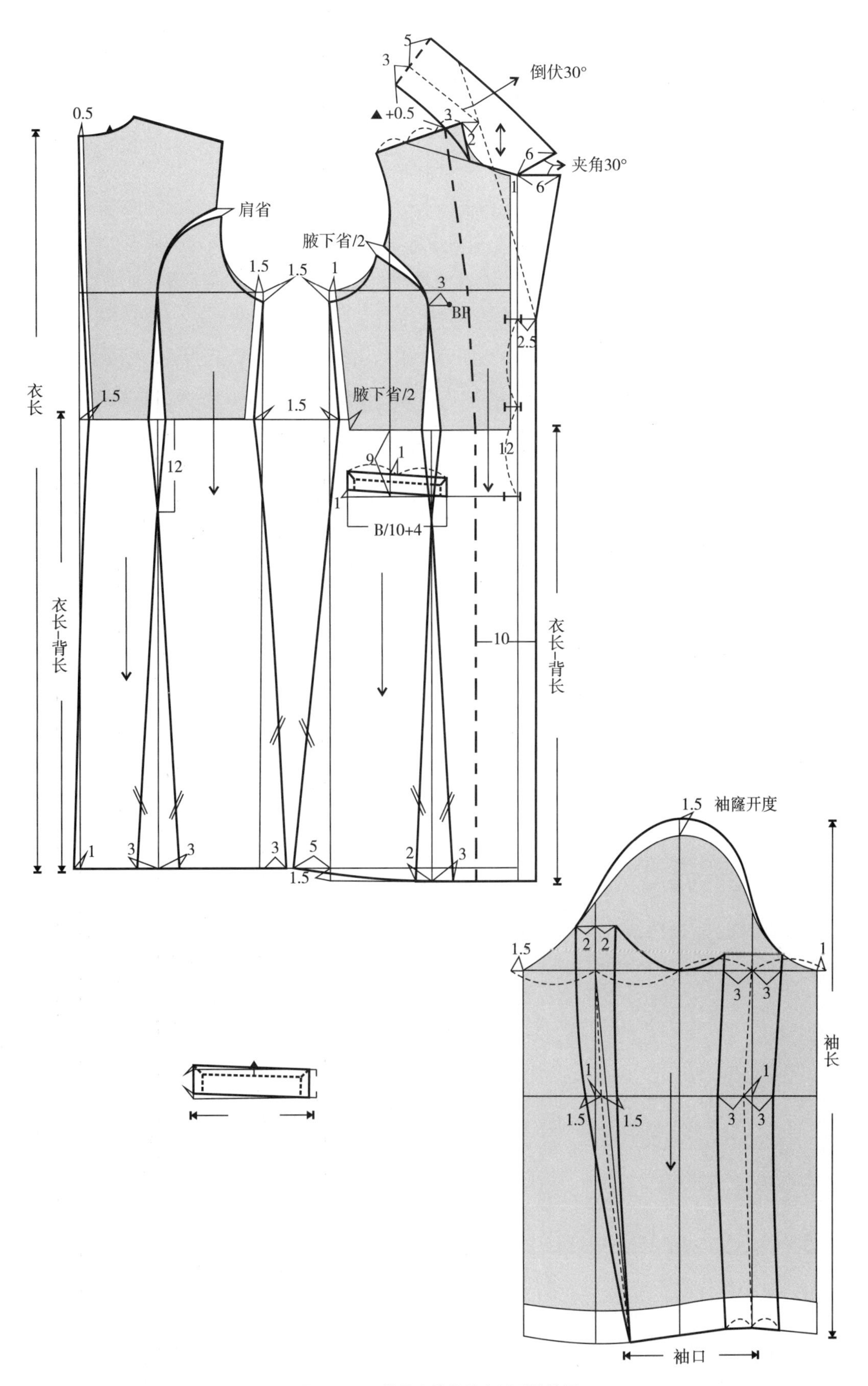

图3-17　刀背公主线长外套板型结构图

确定后刀背公主线位置,肩点结构受转移肩省的影响提升 1cm、领口宽追加 0.5cm(图 3-16)。然后,在刀背公主线应用原型基础上绘制衣身板型,如图 3-17 所示。胸围追加松量 8cm 按照放量采寸原则分配后侧缝、前侧缝、后中线、前中线的放量比例为 1.5∶1∶0.5∶1,由此得出后侧缝 1.5cm、前侧缝 1cm、后中线 0.5cm、前中线 1cm、袖窿开度 1.5cm(是前后侧缝追加松量和 - 后肩提升量)。最后根据款式创意完成刀背公主线长外套各部位的板型结构设计。

两片袖板型:

女装两片袖结构是以袖原型为基础的一种变化形式。强调袖山高与衣身袖窿深的配比关系、袖山弧长与衣身袖窿弧长的差量关系,袖子与衣身袖窿缝合后胸宽、背宽、袖肥(袖围)与整体胸围规格必须保持平衡。衣身与袖子之间:前后符合点对位、袖顶点与衣身前后肩点交汇点对位、前后袖围交汇点与袖窿底点对位,在设计实践中凡是以原型为基础变化的袖型都是以此为设计原则的。首先,根据衣身前后袖窿开度追加量、前后侧缝追加松量以袖原型为基础调整袖山高和前后袖围规格,然后,分别确定前后袖围中点作前后袖缝的辅助线、前后偏袖和袖口宽,设计大、小袖板型结构(图 3-17)。

驳口领板型:

这款领型是典型的女装外套驳口领,前后领口规格增大是肩部结构变化影响的必然结果,同时这也是符合女装外套着装原则的。驳口领板型数据如下:领面宽 5cm、领座宽 3cm、驳口线倒伏角 30°、领嘴夹角 30°、领嘴配比 1∶1(图 3-17)。

(三)四开身结构 A 型

A 型廓型是非常具备女性特点的另一款四开身结构形式,服帖的肩部曲线充分体现了女性颈肩柔媚之美,喇叭状的衣身廓型浪漫、舒适更适宜塑造胸、腰、臀的曲线变化。形式多样、结构语言丰富,廓型可在 X 型与 A 型之间相互转换,为设计师提供了丰富的想象空间,倍受时尚界推崇。

【应用实例】宽摆风衣

1. 款式概述

关门领、四粒扣明门襟、袋板式斜插口袋、两片袖、外翻马蹄袖口。门襟、口袋、领子、袖中线、袖口、后中缝缉缝 1.5cm 宽明线,全衬里。面料:牛仔布、卡其布或防雨绸等,里料:里子绸、平纹布等,回缩率 2%。

2. 成衣规格(表 3-12)

表3-12　160/84A号型成衣规格　　单位:cm

部位	衣长 L	胸围 B	背长 CBL	肩宽 S	袖长 AL	袖口宽
规格	70	102	38	39	55	15
备注	成衣规格数据含回缩值					

3. 板型设计与分析(图 3-18,图 3-19)

衣身板型:

根据 A 型外套廓型特点设计胸围加放松量 18cm,其中原型基础松量 12cm、追加松量 6cm,A 型板型结构对于腰围、臀围加放松量值可不做限定，主要根据胸围结构及造型规律展开创意。首先，根据 A 型板型结构特点以衣身原型为基础制作应用原型，前衣身腋下省全省转移至腰线与腰省组合增加腰部松量，同时调整侧缝线、前腰线；后衣身肩省全省转移至后腰围与后腰省组合增加腰部松量，调整后腰结构呈弧线状，衣身原型调整为 A 型廓型应用原型，应用原型的廓型摆度可以根据分解省量值做适当的调整，后肩省、前腋下省做全省转移，A 型廓型摆度最大（图 3-18）。然后，在该 A 型应用原型基础上绘制衣身板型，如图 3-19 所示。胸围追加松量 6cm，按照放量采寸原则分配后侧缝、前侧缝、后中线、前中线的放量比例为 1∶1∶0∶1，由此得出：后侧缝 1cm、前侧缝 1cm、前中线 1cm、后肩线上升 1cm，前衣身分解腋下省不影响肩部结构小肩斜线不变，前后袖窿开度量 1cm（是前后侧缝追加松量和 /2）。原型做 A 型应用原型调整过程中，后袖窿深位置受调整后肩省的影响产生变型，因此袖窿结构以应用原型袖窿结构为标准追加袖窿开度，前后衣身侧缝、摆缝均以应用原型为标准完成板型结构设计。

关门领板型：

领面宽 4cm、领座宽 7cm、后领翘 3cm（图 3-19）。

袖子板型：

该款袖型是以袖原型为基础的又一种变化形式。根据衣身袖窿追加量分别调整：袖山高追加 1cm、前后袖围均追加 1cm。经过袖顶点、袖口中点作袖中分割线，在袖山高处作微量调整，目的是使袖中缝与手臂自然动态更加服帖。袖口外翻折边宽 7cm，板型与袖子对应部位的结构吻合即可（图 3-19）。

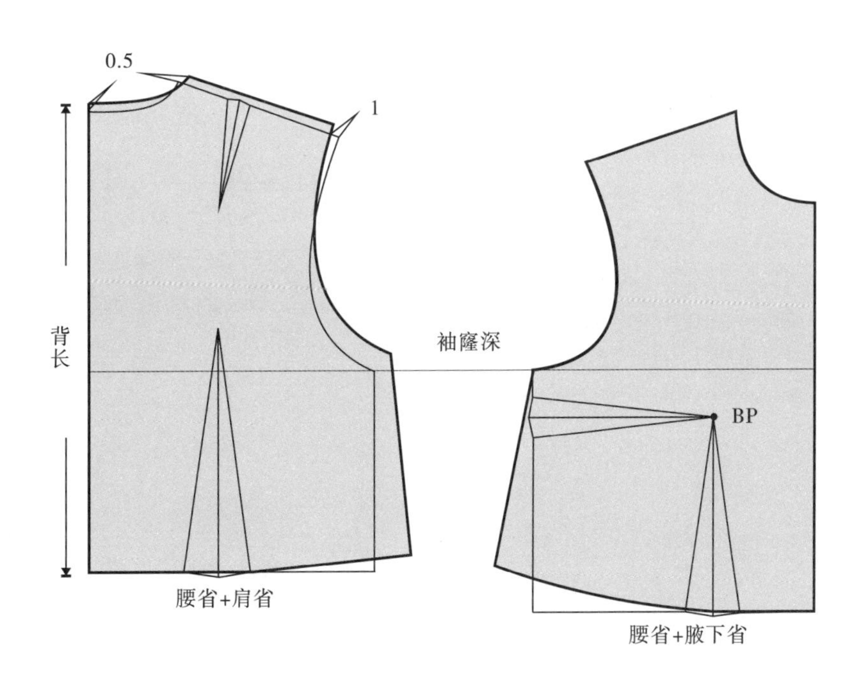

图3-18 A型应用原型

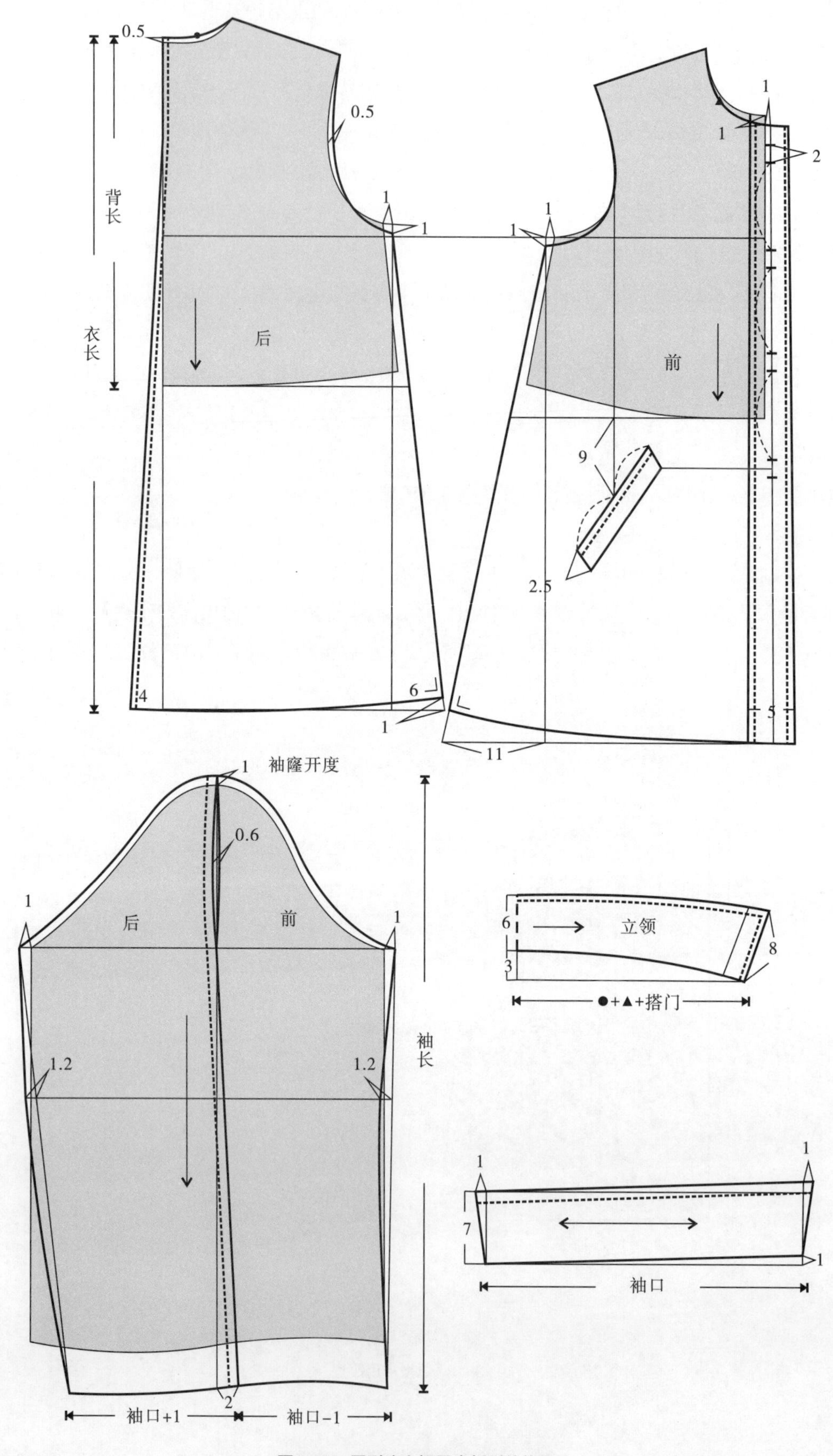

图3-19　原型法宽摆风衣板型结构图

（四）三开身和六开身结构X型

三开身结构是以标准原型为基础确立的一种板型结构形式。三开身板型结构形式在塑造女装形式美方面借鉴了男装立体化成型的设计风格，具有内部结构严谨、外部造型舒展、表现力强等特点。在设计实践中，运用省量分解与转移的结构设计原理，以原型为基础采用转移、组合、分解、分割等技术手段确立应用原型，以背宽延长线为前、后衣身分界线的基准位置，同时以腰省与袖窿省组合的形式协调三围差量关系，构成对人体曲面的分割形式达到造型目的。

（1）三开身应用原型（半紧身型）

号型：160/84A，胸围84cm，松量14cm

三开身板型结构针对原型腰省总量以X型廓型胸、腰为主要施量部位弱化胸凸效果，应用原型的胸围加放松量为14cm，以补充由于调整胸、腰结构所造成的胸围规格缩量问题。

前衣身腰省总量分解为前腰省2.5cm、腋下腰省1.5cm；后衣身后腰省总量分解为后中线撇量1.5cm、后侧缝撇量1.5cm，后肩省量分解至领口0.5cm、后肩宽点1cm，同时调整后肩斜线和后领口弧线，确定三开身应用原型（图3-20）。

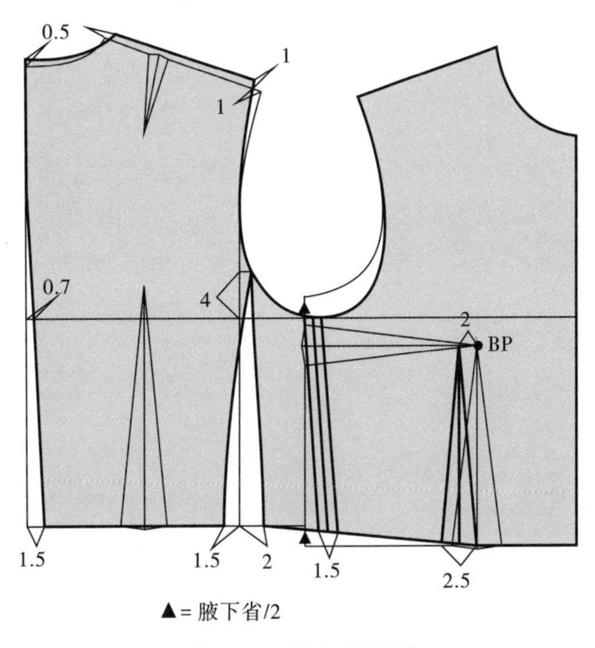

图3-20　三开身应用原型

女装外套板型设计被广泛采用的六开身板型结构就是以三开身板型结构为基础确立的又一种板型结构形式。根据六开身板型结构特点，以原型为基础，将前衣身腋下省的1/2转移至前袖窿符合点与前腰省连接组合成“刀背公主线”，构成对前衣身的弧线分割效果，剩余腋下省部分用于调整由乳凸量所造成的腰节线翘式；后衣身腰节线与前衣身腰线上移乳凸量的1/2处对位，确定前后衣身的位置关系，调整前、后袖窿结构和前、后外侧缝结构，确定六开身应用原型，这样更有助于按照省量、松量、造型量三种施量原则设计前后衣身板型结构。

在设计实践中，鉴于六开身女装外套板型结构设计的多样化，可以根据设计范畴指定紧身型、适度型、宽松型等不同的松量设置范围，基础原型胸围加放松量12cm，追加松量部分按照放量采寸原则根据款式特点按比例合理分配即可。

【应用实例】舒适型长外套

1. 款式概述

立翻两用领、暗门襟单排扣、横开口袋、六开身、一片袖，全衬里。面料：驼绒大衣呢，里料：纯丝美丽绸，回缩率3%。

2. 成衣规格（表3-13）

表3-13 160/84A号型成衣规格

单位：cm

部位	衣长 L	胸围 B	肩宽 S	背长 CBL	袖长 AL	袖口宽
规格	105	102	40	38	56	14
备注	成衣规格数据含回缩值					

3. 板型设计分析（图3-21，图3-22）

衣身板型：

根据舒适型外套的着装特点设计胸围加放松量18cm，其中原型基础松量12cm、追加松量6cm。首先，以原型为基础按照X型六开身板型结构特点确定应用原型，后衣身肩省分解转移至后领口0.5cm、后肩点1cm；前衣身将腋下省的1/2分解转移至前袖窿符合点作袖窿省，并与腰省组合成刀背公主线结构，成为六开身应用原型（图3-21）。然后，根据款式追加松量6cm，按照放量采寸原则分配前后侧缝、后中线、前中线放量分配比例为1.5∶1∶0.5，由此得出前后侧缝线共计1.5cm、前中线1cm、后中线0.5cm，肩线提升量1cm。最后按照款式创意完成前、后衣身各部位的板型结构设计（图3-22）。

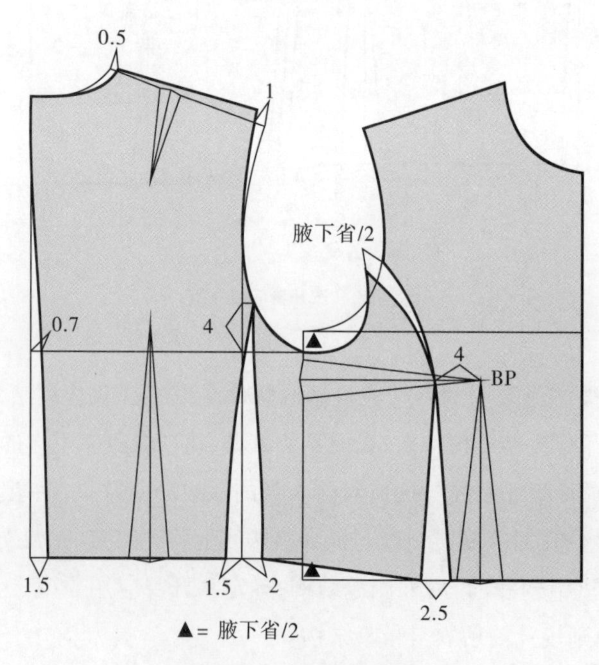

图3-21 六开身应用原型

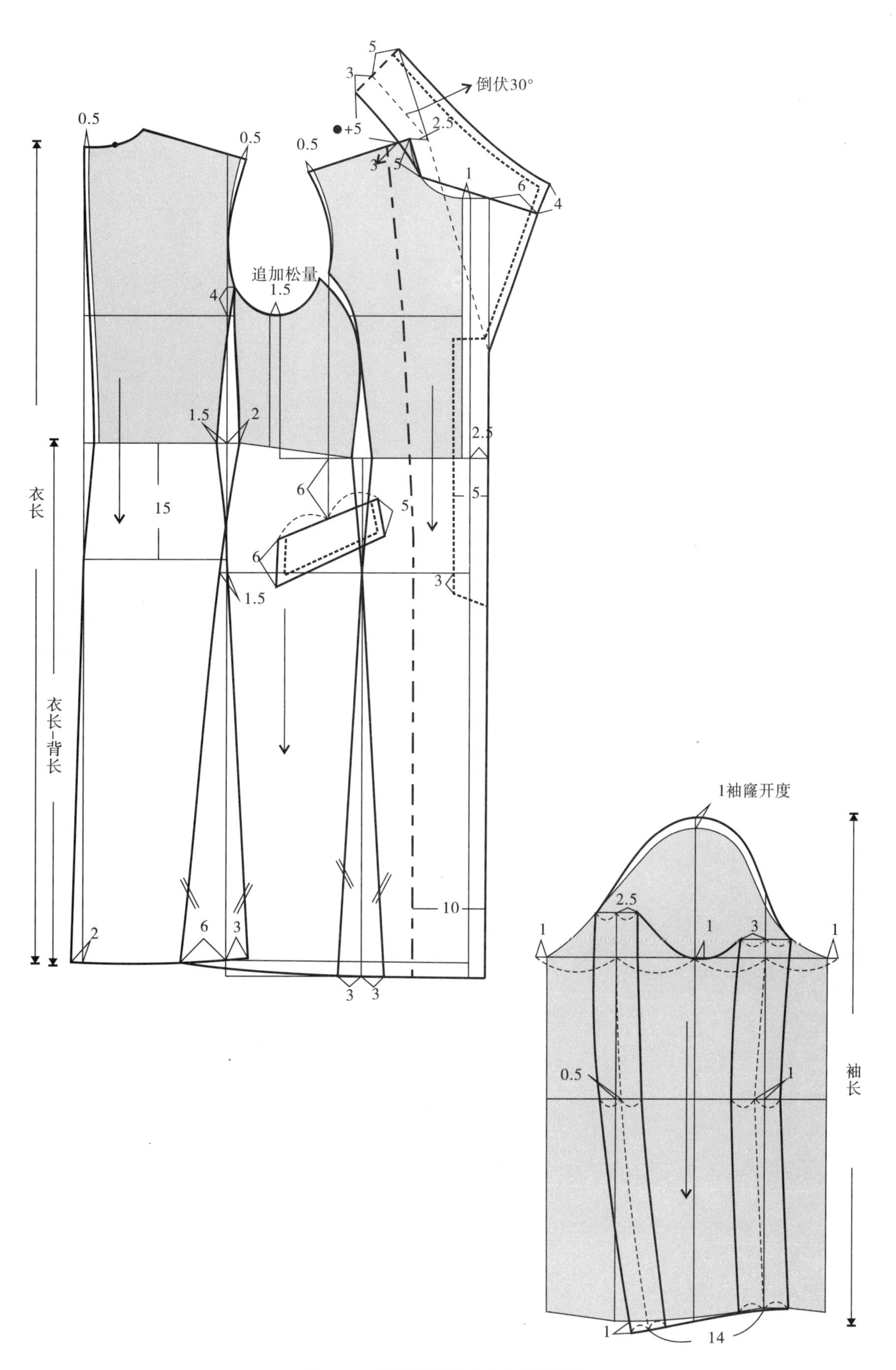

图3-22　舒适型长外套衣身板型结构图

两片袖板型：

根据衣身袖窿板型结构设计两片袖板型，以袖原型为基础袖山高追加 1cm、前后袖围追加 1cm，然后确定前后偏袖缝、袖口宽、大小袖板型结构。

连翻驳领板型：

领座宽 3cm、领面宽 5cm、驳口线倒伏 30°。

思考题：

1. 平面板型设计方法有哪几种类型？
2. 何为省道、分解、转移？省道的表现形式有哪几种？
3. 选择号型规格中的中间号型绘制直身型原型。
4. 简述袖窿与袖山的结构关系。
5. 女装外套有哪几种廓型？绘制应用原型。
6. 运用比例法、原型法分别设计四开身、三开身板型结构图。
7. 运用原型法设计六开身、八开身板型结构图。
8. 运用比例法设计宽松四开身板型结构图。

第四章
外套工业系列样板制作与排料

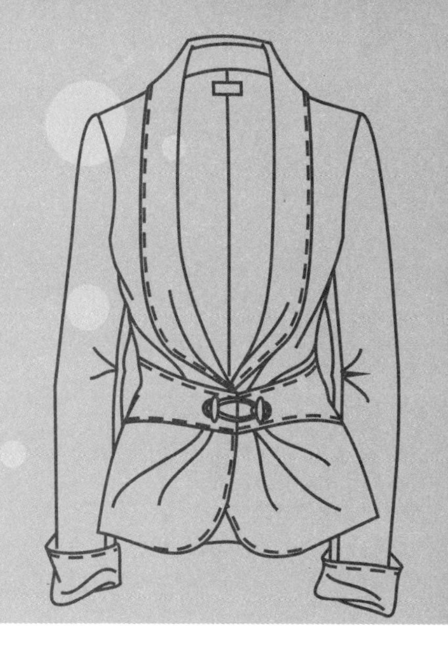

成衣工业系列样板是在成衣生产过程中使用的专业样板，是成衣工业化大生产模式的必然产物。以板型设计结构图为依据，经过加放缝份、加放贴边、试样、修正、复样等环节确认后制作的标准样板即母板；再根据成衣产品各型号间的档差值计算出推挡数据，按照一定的放码程序进行扩缩推板，所获得的系列样板被称为工业系列样板。工业系列样板是成衣工业化大生产模式的重要技术标准，其中包括：排料、画样、裁剪、缝制、检验等工序，有别于成衣个体定制模式所使用的普通样板。一经确认后的工业系列样板指导成衣生产流程具有企业法规意义，任何人不得擅自修改，这一点使其制作意义显得极为严肃和重要。

排料即根据已经确认的工业系列样板，按照产品批量生产数量及型号进行合理配比，采用单号排序或混号排序的排料方法设计即合理又节省的用料方案，并复制在纸上或者面料上为裁剪工序提供技术标准，这一过程在行业内被称为"排料画样"也称"画皮"。服装工业系列样板制作与排料是一项为成衣生产流程设计技术标准的工作，设计方案合理与否直接关系到产品生产进程，故此来不得半点懈怠。

第一节　成衣工业系列样板概述

一、工业样板种类

成衣工业样板根据用途不同种类各有区别。从成衣生产制造角度可划分为裁剪样板和工艺样板，从板型结构设计程序角度可划分为净线样板和毛线样板。

1. 裁剪样板

裁剪样板是指应用于成衣生产过程中排料、画样、裁剪等工序使用的样板，其中包括面板、里板、衬板，分别应用于裁剪不同成衣部位的原料样板。例如：外套裁剪样板包括主料样板、衬里样板、辅料样板。不论是哪一种类的裁剪样板都必须是包括缝份、贴边、布纹方向、号型标注、名称标注等技术指标的系列样板。

2. 工艺样板

工艺样板是指应用于成衣缝制过程中对裁片或半成品进行修整定型、定量或定位等工序使用的样板。根据使用部位可划分为：定型样板、定位样板、扣边样板。例如：领子、口袋等局部成型需要使用定型样板，缉缝省道或明线部位为保证各部位缝制效果对称统一需要使用定位样板，衣身下摆部位在进行缝制之前为统一标准使用扣边样板。根据具体缝制部位工艺样板基本上都是不含缝份的净线样板。

3. 净线样板

净线样板是指采用平面或立体制版方法设计板型结构并绘制结构图，且制作的初始样板即不含缝份的样板。通常在板型设计初期按照板型设计程序要求必须制作净线样板，其目的是确保板型设计程序标准化，为板型结构图的试制和确认提供原始技术根据。

4. 毛线样板

毛线样板以试样确认后的净线样板为基础，经过加放缝份、加放折边、标注说明等环节制定的样板即母板，它是制作工业系列样板的基础环节。

二、工业样板缝份和折边

从成衣板型设计程序角度分析，成衣工业样板包括净板和毛板。净板是指不包括缝份和折边，能够准确展现成衣板型结构设计方案的结构图即初始样板；毛板是以净板为基础经过试样、修正、复样、加放缝份、加放折边、标注说明等制作程序，确认为可进入工业系列样板制作程序的样板即母板。由净板到毛板的转化过程必须要以保证板型结构设计方案为前提，根据净板各条结构线特点进行相似调整。

1. 缝份

确定工业样板加放缝份规格的因素是多方面的。首先，缝份宽窄与成衣缝制工艺有关，不同部位缝制工艺所需加放缝份的规格不同，通常直线部位缝份宽 1cm，明暗缝部位缝份宽 1.5cm，后中缝部位如上衣后中缝、裤子后裆缝缝份宽 2 ～ 3cm，弧线部位如袖窿弧线、领口弧线、前裆弯弧线缝份宽 0.8cm。另外，缝份规格与面料材质及织纹有关，厚而织纹密度低的面料加放缝份宽 1.5cm，薄而织纹密度高的面料加放缝份宽 1cm。总之，加放缝份要以保证产品质量适宜产品缝制工艺程序为原则具体问题灵活掌握。

2. 折边

工业样板的折边规格与成衣类型和下摆的塑形有关。例如：衬衣下摆、裙子下摆等直线或近似直线的下摆部位加放折边宽 3 ～ 4cm，外套类上衣下摆加放折边宽 4 ～ 5cm，裤口加放折边宽 4 ～ 6cm。另外，面料材质与加放折边规格有关，厚而松软的面料加放折边要宽一些，薄而紧实的面料加放折边要窄一些，直线加放折边要宽一些；弧线加放折边要窄一些。

三、工业样板标注专业符号

标注样板专业符号是工业系列样板制作的重要内容之一。按照成衣生产程序针对样板需要说明的部位、内容等技术指标采用不同的形式加以标注，包括文字符号、定位符号等，其目的是便于统一管理指导产品生产流程的有序运行。

1. 定位符号

定位符号即图标符号，是指针对样板所要说明的部位以图标的形式做出标记。其中款式说明部位包括扣眼、口袋、省道、褶裥、开衩、带襻等位置，缝制连接部位包括前后衣身腰节线对位、袖侧缝袖肘线对位、裤侧缝髌骨线对位、裙侧缝臀围线对位，另外还包括领子底口弧线与前后领窝弧线对位、袖山弧线与袖窿弧线对位等。

2. 文字符号

文字符号通常用于说明样板的名称、编号、型号、规格、数量、布纹方向等相关技术资料。外套文字标注内容包括前片、后片、过面、袖子、领面、领里、口袋零料、主料、衬里、辅料等等。

四、工业样板审核确认

工业样板的审核过程是对成衣板型设计程序的检验过程。在实际应用中，工业样板在使用之前都要经过审核员按照成衣设计的各项技术标准进行审核、鉴定，以确保用于指导成衣生产流程的准确性。

1. 复核内容

审核员根据成衣设计通知书审核工业样板，具体内容有款式、号型、规格、数量、回缩率、缝份、贴边、各部位组合定位标记、文字标记、布纹标记等等。经过审核、鉴定、确认方能投入生产。

2. 复核方法

复核方法根据成衣产品类型确定审核方法，其中包括测量、目测、复位等。

第二节　外套工业样板

从成衣生产制造的角度分析外套各类品种，板型设计原理与制作工艺技术涵盖了所有服装类型。就板型设计而言，用于裁剪工序的样板包括主料样板、衬里样板和辅料样板，用于缝制工序的样板包括修正裁片的毛板和定型、定位的净板。在以下的应用实例中可以充分说明这一问题。

一、外套工业样板制作程序

1. 板型结构图

板型结构图是制作工业样板的技术条件，设计师根据外套款式创意及号型规格设计板型结构形式并绘制板型结构图即初始样板，经过试样、修正、复样、确认后便可以进入制作外套工业样板环节。

2. 样板缝份及折边

通常根据外套款式设计效果图我们就可以判断出外套材料的性能、材质及厚度，这三项物理指标是决定外套加放缝份、折边的重要条件。一般情况，主料：弧线加放缝份 1cm、直线加放缝份 1.5cm、加放折边 4cm，衬里：加放缝份 1.5cm（含眼皮）、加放折边 3cm。以成衣工业化生产模式为前提，粗纺面料：缝份宽 1.5cm、折边宽 4cm，精纺面料：缝份宽 1cm、折边宽 3cm。

3. 统计样板数量及种类

根据外套款式及构成材料将样板作分类统计建立生产技术档案，针对不同材料采取与之对应的缝制工艺。例如：主料与衬里，由于面料材质不同所加放的缝份量、折边量就不相等，包括排料等一系列工序的生产工艺都有区别，与之对应的样板类别自然也有所区别，其中包括主料样板、衬里样板、辅料样板。

4. 样板审核及确认

外套成衣板型设计结构图必须要经过试样、修正、复样、确认后才能制作工业样板。主要审核样板规格在试制前后是否相符，如果发生误差根据实际测量结果计算出样板纵向、横向实际回缩值（成衣规格－实际规格），然后针对具体位置给予增减修正。另外，在外套成衣规格设计环节可以根据面料的回缩率制定该规格下的应用成衣规格，使其具有可操作性。外套类产品尤其要注意由于材料质地所造成的产品规格变化，依据实际回缩值及时给予调整。

5. 标注专业符号

根据外套款式及样板种类确定所要标注的定位符号和文字符号。

二、应用实例

（一）四开身箱形外套

制作箱形外套工业样板，号型 160/84A，板型结构图参见第三章及图 3-11。

1. 主料的工业样板

（1）主料缝份、折边及裁片统计

缝份：领口弧线、袖窿弧线、袖山弧线、肩缝、袖缝、止口、外侧缝、过面、领里、领面、后中缝 1.5cm。

折边：下摆折边、袖口折边 4cm。

裁片统计（表 4-1）。

表4-1 主料裁片名称与数量

单位：片

部件名称	前片	后片	袖片	领面	领里	过面	开线
数 量	2	2	2	1	2	2	4

（2）制作主料工业样板（图 4-1）

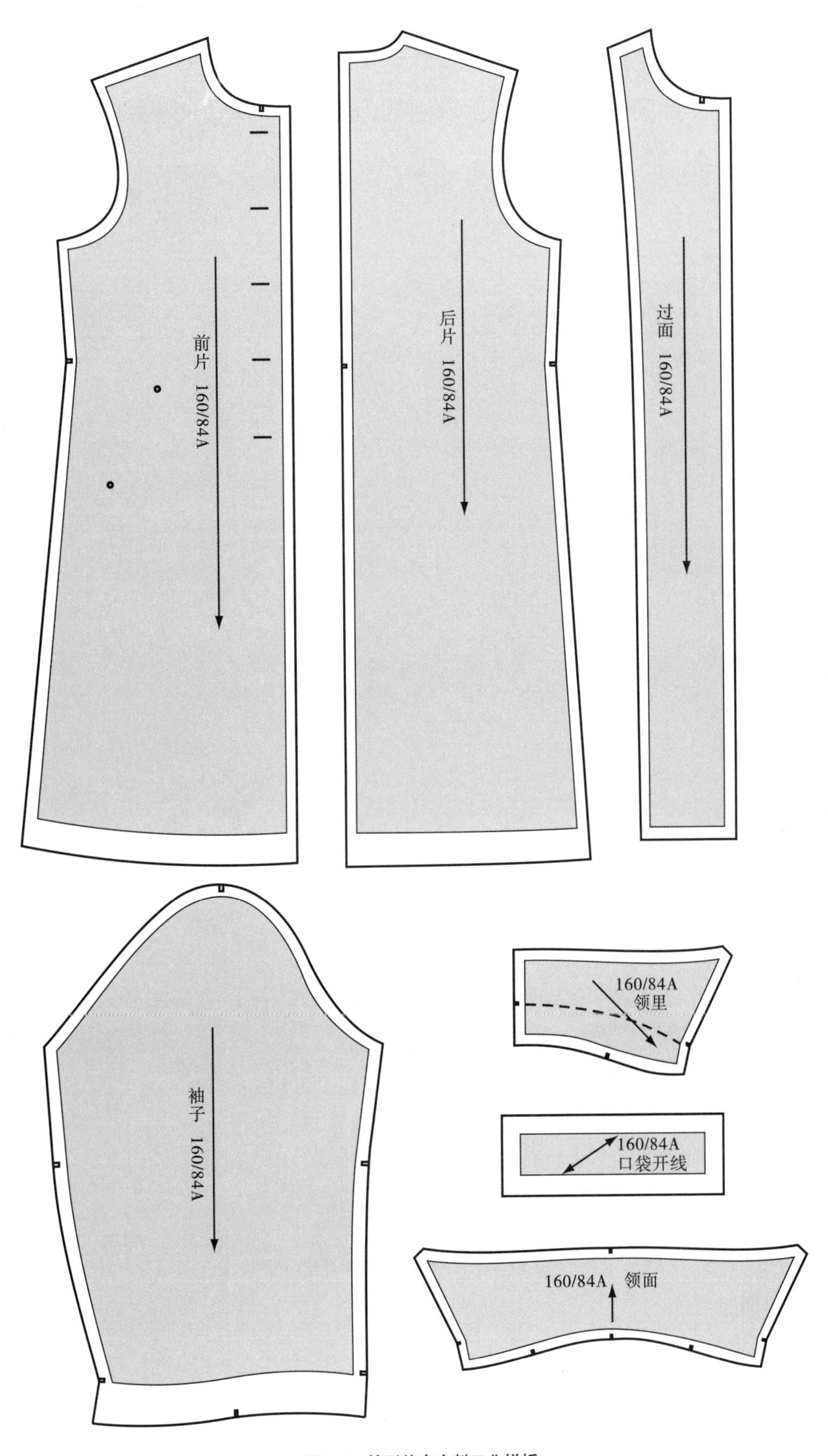

图4-1　箱形外套主料工业样板

2. 衬里的工业样板

（1）衬里缝份、折边及裁片统计

缝份：领口弧线、袖窿弧线、袖山弧线、肩缝、袖缝、外侧缝、前中缝、后中缝 1.5cm。

折边：下摆折边、袖口边折 3cm。

裁片统计（表 4-2）。

表4-2 衬里裁片与数量　　单位：片

部件名称	前片	后片	袖子	口袋布
数　量	2	2	2	4

（2）制作衬里工业样板（图 4-2）

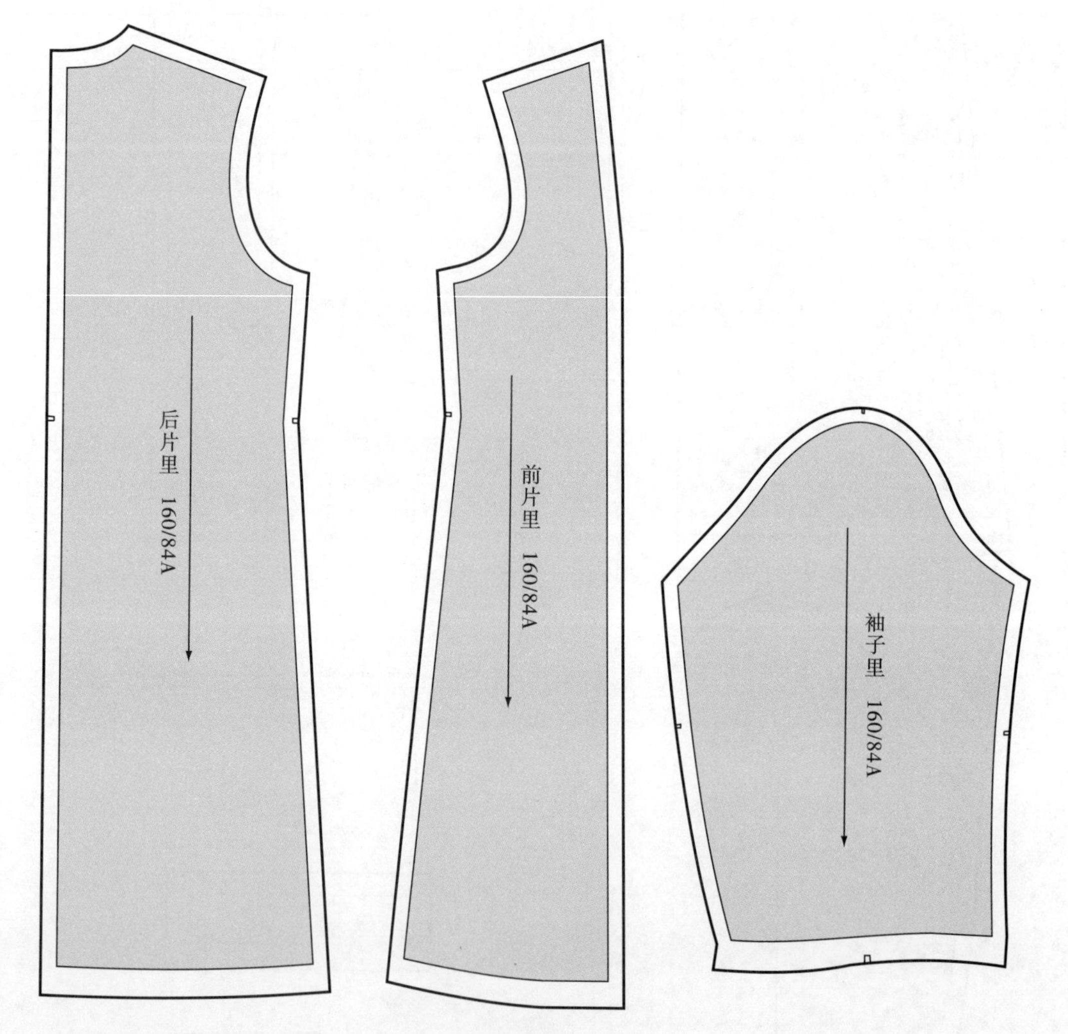

图4-2 箱形外套衬里工业样板

3. 衬布的工业样板

衬布裁片：胸衬 2 片、领衬 2 片、口袋开线衬 2 片。

制作衬布工业样板（毛板）：前身过面、领面、口袋开线的衬布参照主料的工业样板制作，如使用粘合衬，需将缝份减少 0.5cm，可避免在压烫衬布时由于热熔胶的渗出污染面料（图 4-3）。

制作衬布工艺样板（净板）：用于完成相应部件缝纫时的定形、定位（图 4-4）。

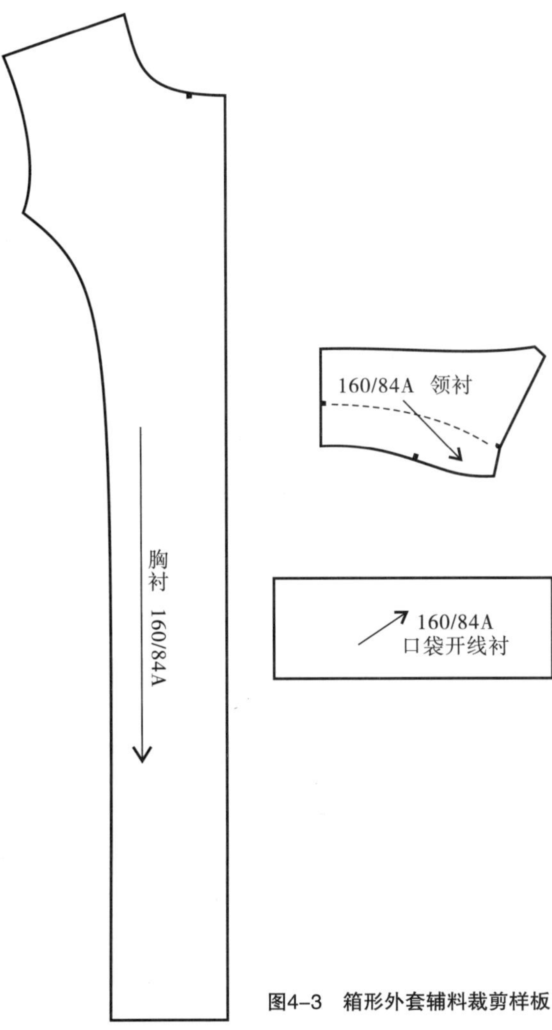

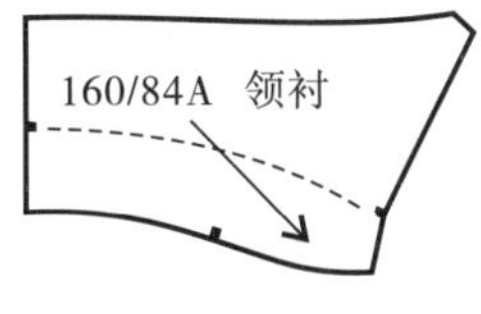

图4-3　箱形外套辅料裁剪样板

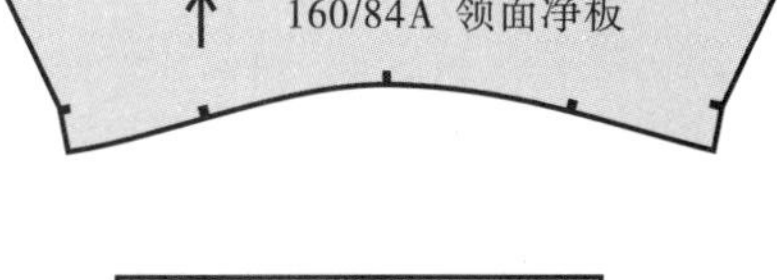

图4-4　箱形外套工艺样板

（二）六开身X型长外套

制作X型长外套工业样板，号型160/84A，板型结构图参见第三章及图3-22。

1. 主料的工业样板

（1）主料缝份、折边及裁片统计

缝份：领口弧线、袖窿弧线、袖山弧线、肩缝、袖缝、止口、外侧缝、过面1.5cm，领面、领里、口袋盖、后中缝2cm。

折边：下摆边、袖口边4cm。

裁片统计（表4-3）。

表4-3　主料裁片与数量

单位：片

部件	前片	侧片	后片	大袖	小袖	领里	过面	口袋盖
数量	2	2	2	2	2	2	2	4

(2)制作主料工业样板(图 4-5)

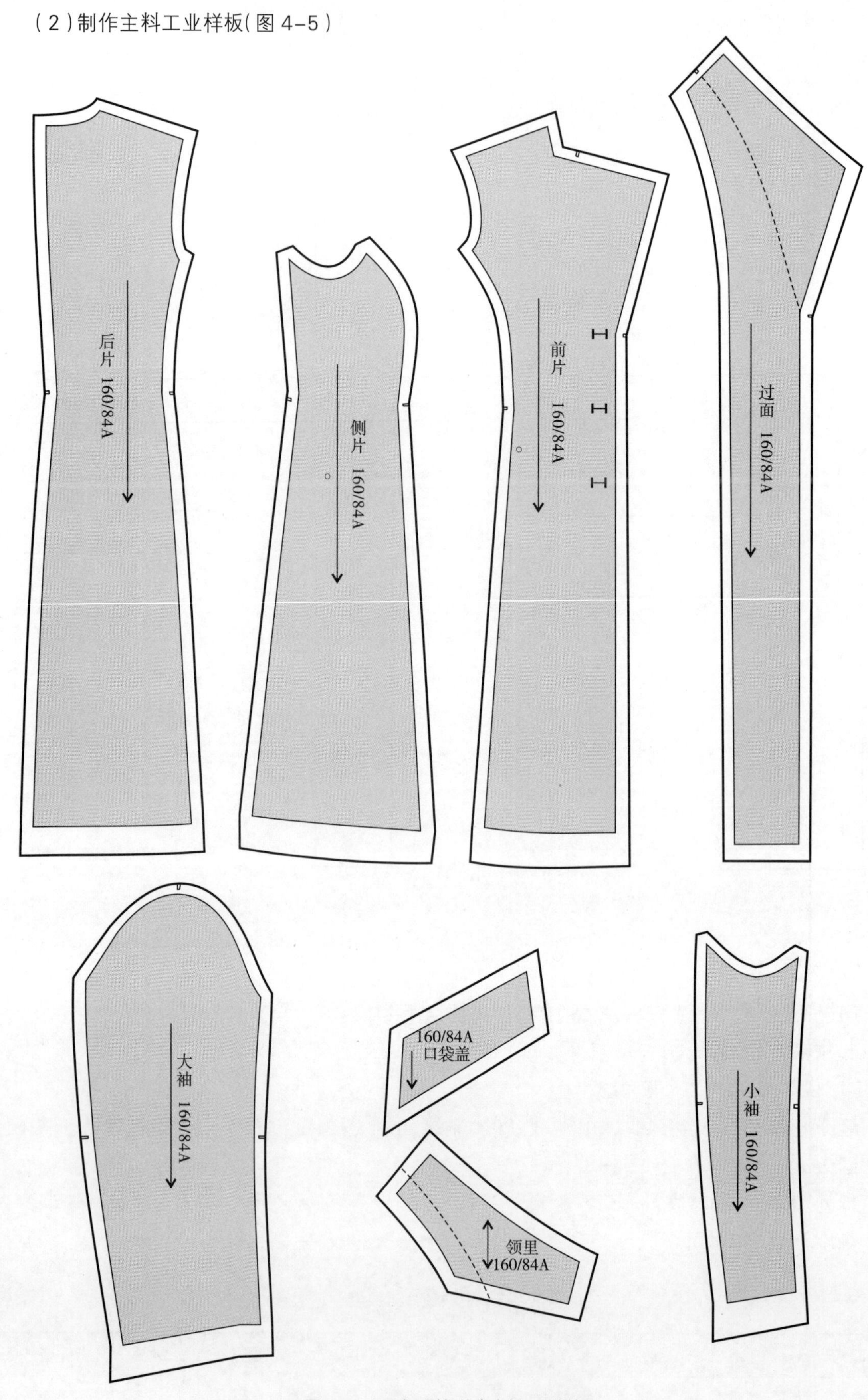

图4-5 六开身X型长外套主料工业样板

2. 衬里的工业样板

（1）衬里缝份、折边及裁片统计

放缝：领口弧线、袖窿弧线、袖山弧线、肩缝、袖缝、外侧缝、前中缝、后中缝 1.5cm。

折边：下摆边、袖口边 3cm。

裁片统计（表 4-4）。

表4-4　衬里裁片与数量

单位：片

部件名称	前片中	前片侧	后片	大袖	小袖	口袋盖
数　量	2	2	2	2	2	2

（2）衬里工业样板（图 4-6）

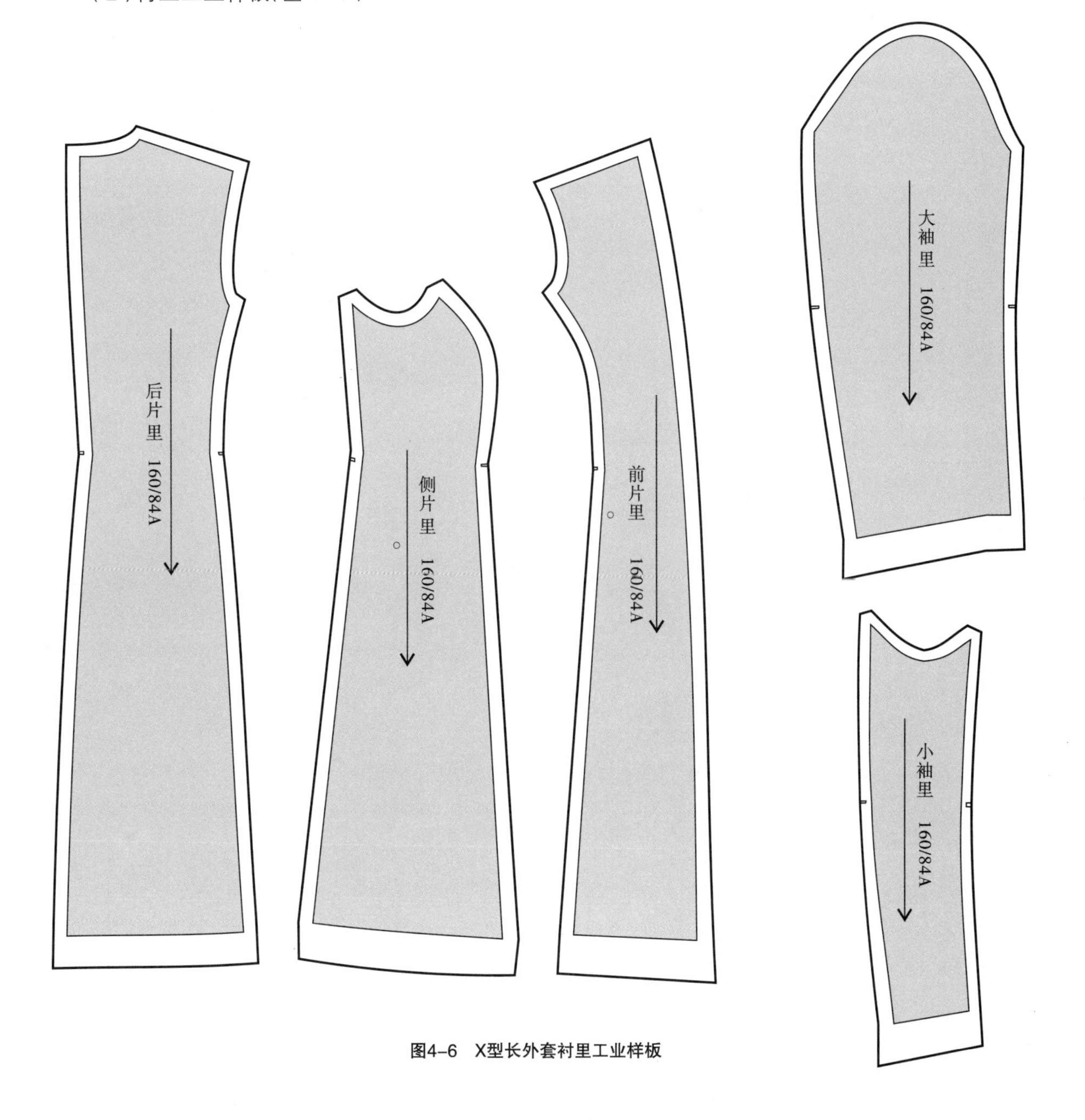

图4-6　X型长外套衬里工业样板

3. 衬布的工业样板

衬布裁片：胸衬 2 片、过面连领面 2 片、领里 2 片、口袋盖衬 2 片。

裁剪样板：毛板（图 4–7）。

工艺样板：净板（图 4–8）。

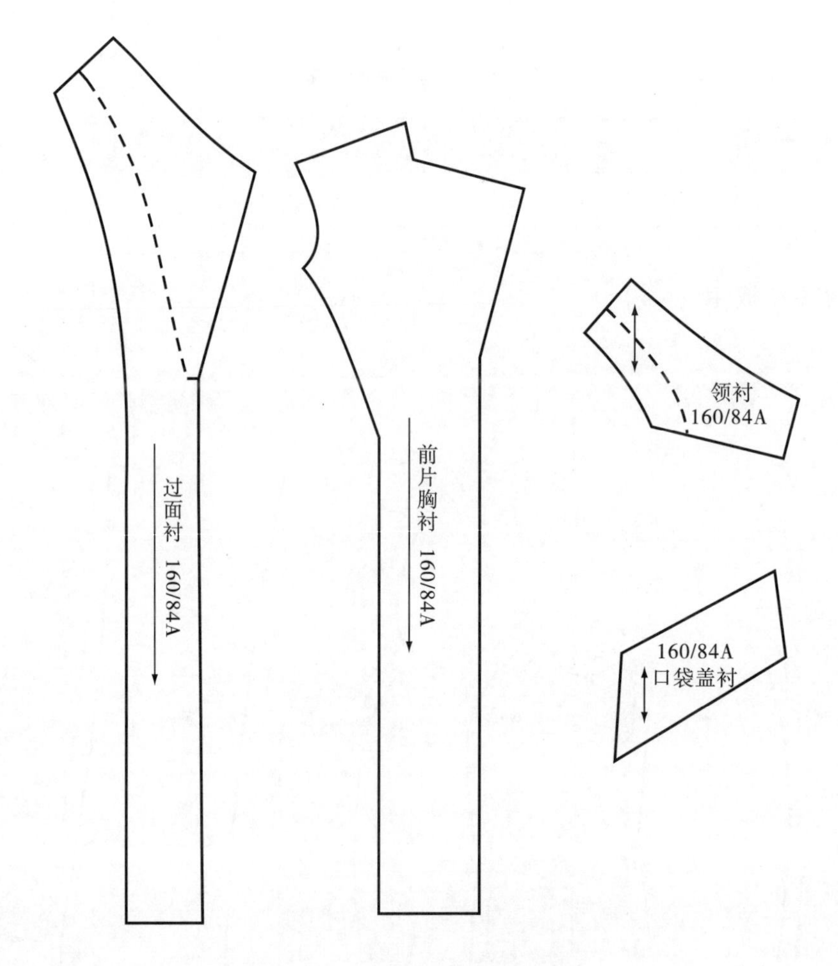

图4–7 X型长外套辅料裁剪样板

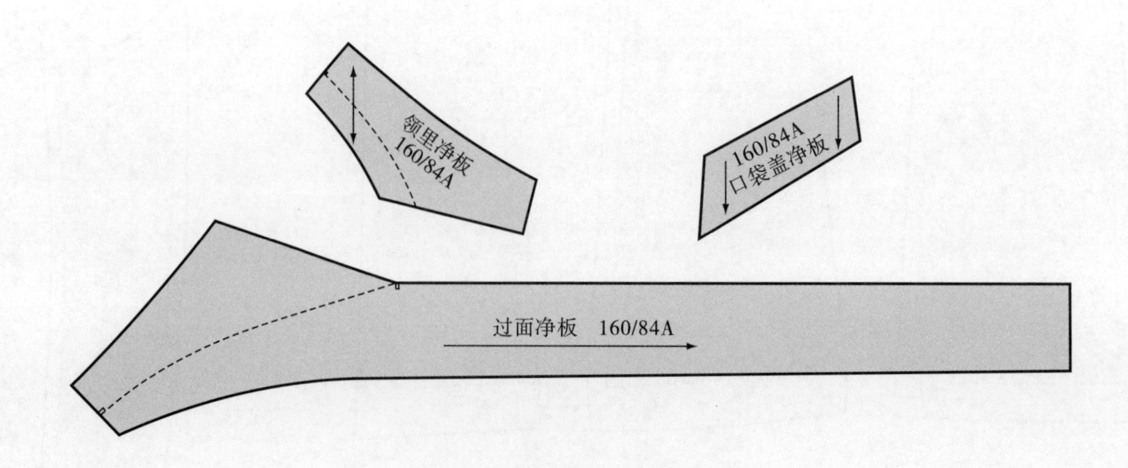

图4–8 舒适型长外套工艺样板

第三节　外套工业系列样板

成衣化生产必须是同一款式多档号型同批次产出的批量生产模式，以适应消费群体选择服装产品同一款式不同号型的需求，成衣工业系列样板就是成衣化生产模式下的必然产物。设计师根据服装产品试制通知书所签订的产品型号，以国家颁布的号型规格标准为依据设计同一款式多档号型规格的系列样板，为成衣生产流程提供技术标准。首先，确定中间号型设计板型结构图，经过试样、修正、复样、确认后制作工业样板即母板；然后，以母板号型规格为标准兼顾各号型间的档差值进行比例分配、缩放制作系列号型的工业样板，行业内将此制作过程称为成衣工业系列样板制作。目前应用于系列样板制作的方法有很多种，大多都是设计师根据实践经验总结的程式化方法而后被广泛推广，仁者见仁、智者见智，例如：点放码法、线放码法、图版法、逐档推扩法、相似形法等等。无论哪一种制版方法就其制作原理都是以板型结构图为标准进行相似放大或缩小，具体的说就是以母板为基准型依次确定各结构点、结构线为对应档差值的缩放参数，计算各号型推档差值并做标记，按照标记点、结构线连接各号型样板廓型，各相邻号型之间以保证产品规格为原则相似放大或缩小，最终制作出规格等差、廓型相似的系列样板。

一、成衣工业系列样板制作程序

1. 母板

根据款式创意在所需号型系列中选择某一号型规格为基础号型即母板号型，设计板型结构形式绘制结构图，在所确定的号型系列规格中大号（L）、小号（S）或中号（M）都可以作为母板型号，这一点可以根据设计师的制版习惯而定。板型结构图经过试样、修正、复样、确认以后制作工业样板并且确定为母板，为了确保系列样板的准确性用于缩放样板的母板也可以采用净线样板即初始样板，完成推板后再针对每一号型样板加放缝份、折边制作工业系列样板。

2. 基准线

基准线即在样板相关位置确定的推板纵横坐标线。纵横坐标线是指在多档规格样板之间能够共用且重叠不变的两条相互垂直的参考线，以此为推板纵横坐标能够确保缩放样板的相对准确性。选择纵横坐标的原则：线条清晰、纵横相互交错且垂直。在所有的服装结构线中不同部位都可以归纳出相互垂直的两条结构线，但是，可以作为推板标准的纵横坐标线必须确定在衣片的中心位置，满足如下条件（表 4-5）。

表4-5 推板纵横坐标线

上装	衣身	纵向	前后中线
		横向	胸围线
	衣袖	纵向	袖中线
		横向	袖山高线
	衣领	纵向	领中线
		横向	领宽线
下装	裤	纵向	前、后裤挺缝线
		横向	股上长线
	裙	纵向	前、后中线、 侧缝线
		横向	臀围线

3. 档差值

档差值是指相同款式、相同部位、不同号型之间的规格差值。各号型规格排列组合成为该产品的全码成衣规格系列，这就是计算档差值的理论依据。系列规格即可以按照国家颁布的成衣规格标准执行，也可以根据购销合同双方签订的产品购销委托合同书对号型规格的认定书执行。例如：型号分别为S、M、L的女装外套胸围成衣规格为100cm、104cm、108cm，三个号型间的胸围差量4cm就是该品种胸围档差值。服装规格的档差值主要以号型间控制部位分档数值为依据，外套规格主要是以总体高和胸围部位分档数值作参考，例如：外套号型规格160/84A（5·4系列），胸围分档数值4cm、总体高分档数值5cm，其他对应部位规格以此数据为基数按比例计算。

4. 计算推档数值

推档数值是指根据样板某部位分档数值按一定比例分配到具体结构点的缩放数值。例如：外套胸围档差值4cm，根据四开身板型结构形式按比例分配到胸围结构点的数值1cm，4是胸围档差值、1/4是分配比例，计算方法：推档数值 = 档差值 / 分配比例。通常推挡数值以板型结构形式为参数确定数值。

5. 标记点

以母板为基础放大或缩小相关推档数值并做标记点。在推板过程中标记点以结构点作为参考点定位，例如：外套胸围缩放档差值以侧缝线与袖窿深线之交点即袖窿底点作标记点，袖窿深缩放数值以落肩点作为标记点上升推档数值等等。

6. 绘制样板廓型图

按照标记点连接结构线绘制各号型样板廓型图，各相邻号型结构线之间必须保持平行且相似放大，廓型图必须以标记点、结构点、结构线为前提确认廓型。

7. 审核样板做标记

缩放后的系列样板廓型图必须经过相关技术人员的审核、鉴定、确认，对于采用净线样板推板所得到的系列样板需进行复制、加放缝份、加放折边、标注等制作程序，然后才能够确认制作工业系列样板。

二、外套工业系列样板制作与应用

（一）四开身箱形外套

制作箱形外套工业系列样板，号型 160/84A（5·4 系列）的工业样板见本章第二节。

1. 成衣规格

根据外套号型系列要求设计成衣号型系列规格表、母板号型和控制部位分档数值（档差值）（表 4-6）。

表4-6 5·4系列成衣规格与档差

单位：cm

部位 \ 规格	S	M	L	XL	档差
	160/84A	165/88A	170/92A	170/92A	
衣　长	97	100	103	106	3
背　长	37	38	39	40	1
胸　围	100	104	108	112	4
肩　宽	38	39	40	41	1
袖　长	53.5	55	56.5	58	1.5
领　围	39	40	41	42	1
袖口宽	13.6	14	14.4	14.8	0.4

2. 档差值

根据外套成衣规格确定工业系列样板推板档差数值（表 4-7）。

表4-7 各部位推板档差数值

单位：cm

部　位	档差值	推板档差数值
衣　长	3	各号型衣长之间的差数 3
背　长	1	各号型背长之间的差数 1
胸　围	4	各号型胸围之间的差数 4
肩　宽	1	各号型肩宽之间的差数 1
袖　长	1.5	各号型袖长之间的差数 1.5
领　围	1	各号型领围之间的差数 1
袖口宽	0.4	各号型袖口之间的差数 0.4

3. 基准线

根据外套板型结构图确定母板基准线即推板纵横坐标线(表 4–8)。

表4–8　推板的基准线

单位：cm

部　位	纵坐标	横坐标
前　片	前中线(止口线)	胸围线(袖窿深线)
后　片	后中线	胸围线(袖窿深线)
袖　子	袖中线	落山深线
领　子	后中线	驳口线

4. 推档数值

根据外套成衣规格、板型结构图、控制部位分档数值,确定各推档部位、标记点、规格档差,按分配比例计算推档数值(表 4–9)。

表4–9　各部位推挡数值

单位：cm

名称	标记点	推档部位	规格档差	分配比例	推档数值
衣身	A	衣长	3		3
	B	袖窿深	4	1/6	0.67
	C	背长	1		1
	D	前领口深	1	1/5	0.2
	E	前领口宽	1	1/5	0.2
	F	前、后肩宽	1	1/2	0.5
	G	胸、背宽	1	1/2	0.5
	H	前、后胸围	4	1/4	1
	I	后领口宽	1	1/5	0.2
袖子	J	袖长	1.5		1.5
	K	袖山高	1.5	1/3	0.5
	L	袖肘线	1.5	1/2	0.75
	M	前、后袖围	4	1/4	1
	N	袖口宽	4	1/10	0.4
领	P	领长	1	1/2	0.5

5. 缩放样板廓型图

主料的工业系列样板(图 4–9),衬里、衬布工业系列样板推板方法与主料相同,在此不作赘述。

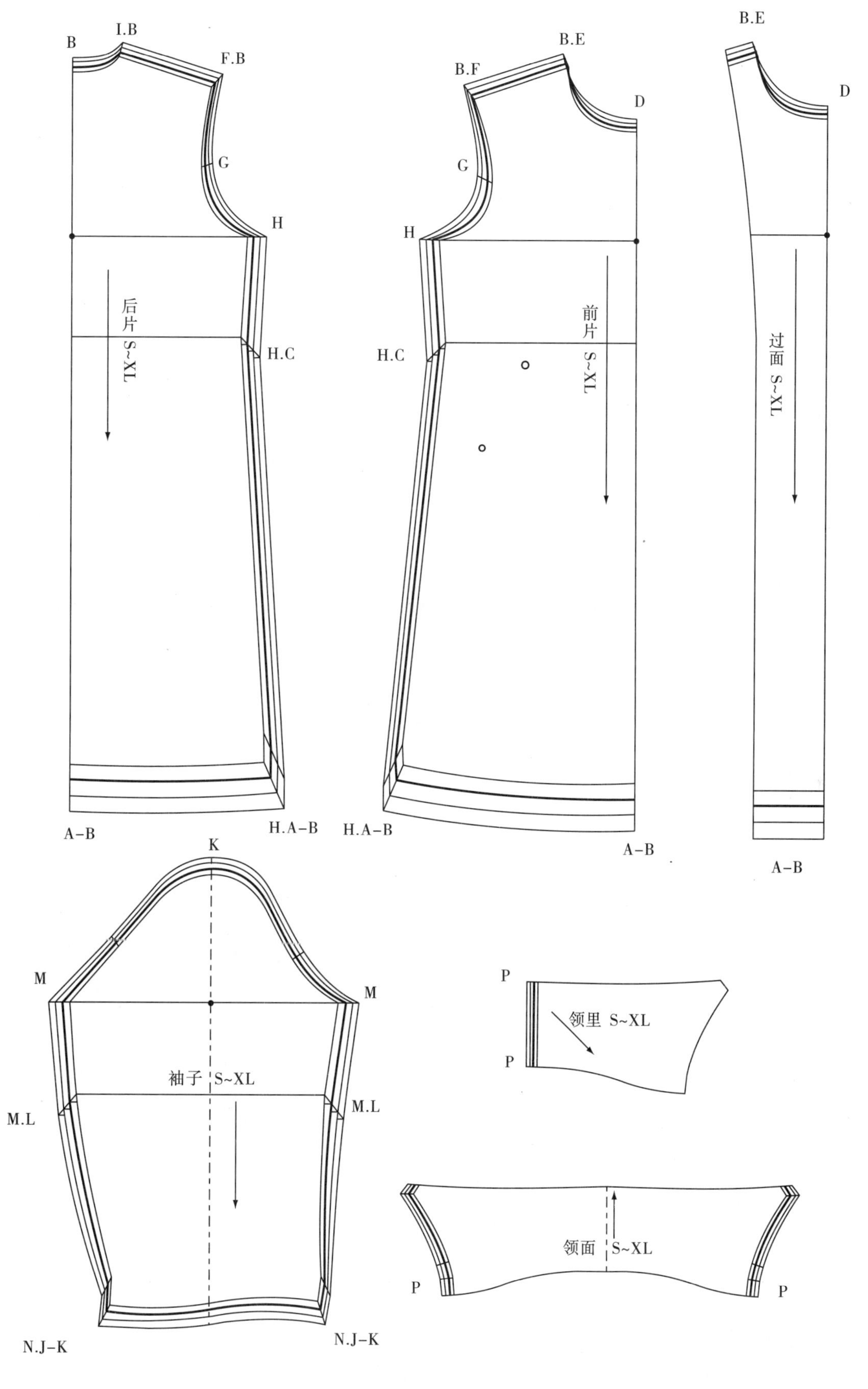

图4–9 箱形外套工业系列样板

(二)六开身X型长外套

制作X型长外套工业系列样板，号型160/84A（5·4系列）的工业样板见本章第二节。

1. 成衣规格(表4-10)

表4-10 5·4系列成衣规格与档差

单位：cm

规格 / 部位	S	M	L	XL	档差
	160/84A	165/88A	170/92A	170/92A	
衣 长	102	105	108	111	3
背 长	37	38	39	40	1
胸 围	100	104	108	112	4
肩 宽	38	39	40	41	1
袖 长	53.5	55	56.5	58	1.5
领 围	39	40	41	42	1
袖口宽	13.6	14	14.4	14.8	0.4

2. 档差值(表4-11)

表4-11 各部位推板档差数值

单位：cm

部 位	档差值	推板档差数值
衣 长	3	各号型衣长之间的差数3
背 长	1	各号型背长之间的差数1
胸 围	4	各号型胸围之间的差数4
肩 宽	1	各号型肩宽之间的差数1.2
袖 长	1.5	各号型袖长之间的差数1.5
领 围	1	各号型领围之间的差数1
袖口宽	0.4	各号型袖口之间的差数0.4

3. 基准线(表 4-12)

表4-12 推板的基准线

部 位	纵坐标	横坐标
前 片	前中线(止口线)	胸围线(袖窿深线)
后 片	后中线	胸围线(袖窿深线)
袖 子	大、小袖中线	落山深线
领 子	后中线	驳口线

4. 推档数值(表 4-13)

表4-13 各部位推档数值

单位:cm

名称	标记点	推档部位	规格档差	分配比例	推档数值
衣身	A	衣长	3		3
	B	袖窿深	4	1/6	0.67
	C	背长	1		1
	D	前领口深	1	1/5	0.2
	E	前领口宽	1	1/5	0.2
	F	前、后肩宽	1.2	1/2	0.6
	G	胸、背宽	1.2	1/2	0.6
	H	前、后胸围	4	1/6	0.67
	I	后领口宽	1	1/5	0.2
袖子	J	袖长	1.5		1.5
	K	袖山高	1.5	1/3	0.5
	L	袖肘	1.5	1/2	0.75
	M	袖围	4	1/8	0.5
	N	袖口宽	4	1/10	0.4
领	P	领长	1	1/2	0.5

5. 缩放样板廓型图（图 4–10）

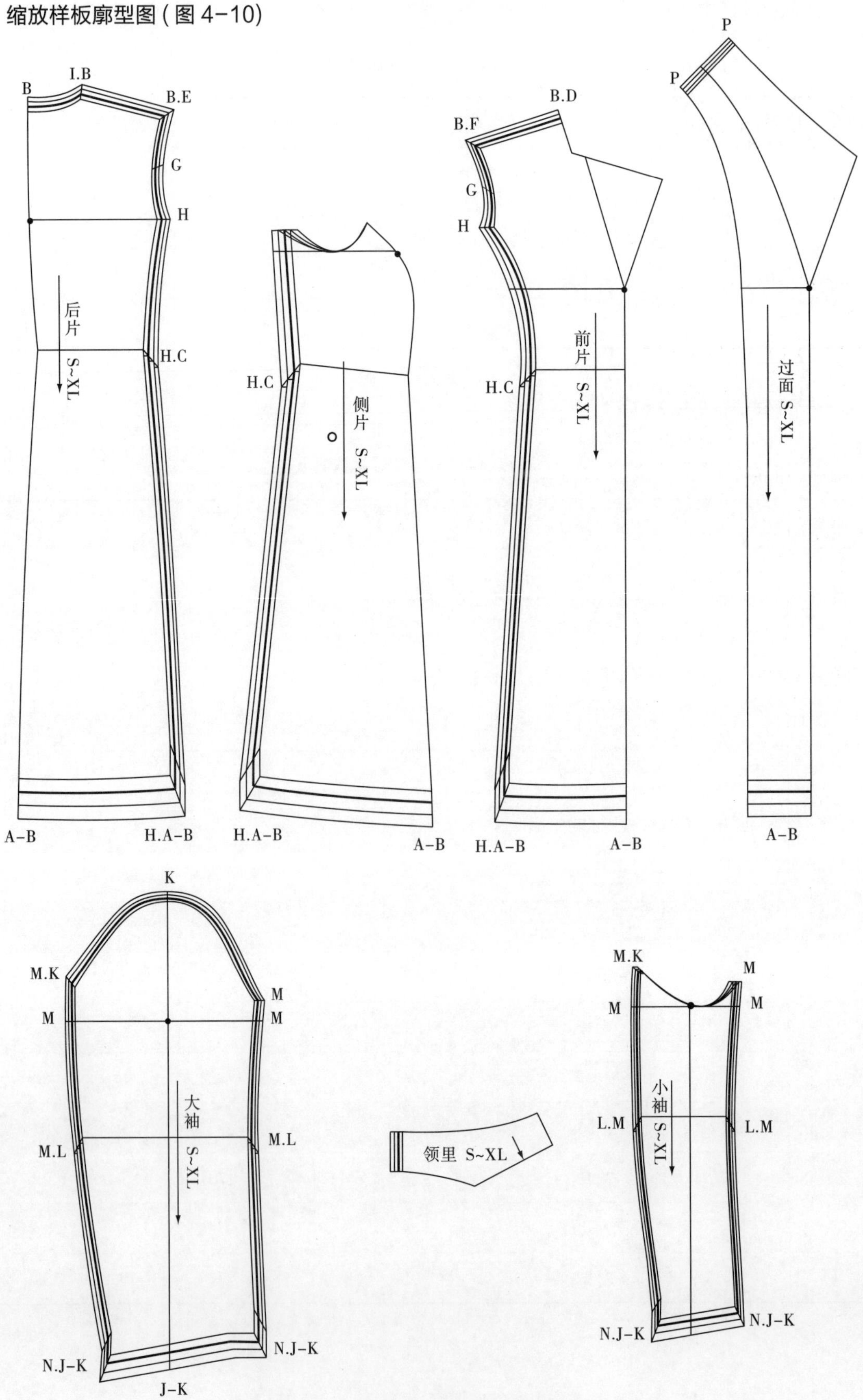

图4–10 舒适型长外套主料工业系列样板

第四节　外套排料、画样

排料是为裁剪工序设计操作标准的一项设计工作。主料、衬里、辅料等服装材料如何由匹布分解成供给缝制工序缝制成衣的裁片，就要由裁剪工按照裁剪排料方案逐一实施，其中包括检验、铺料、裁剪等。由于成衣工业化生产是同一品种数十、数百地批量进行，排料方案与材料消耗密切相关，耗材与否直接关系到产品的原料成本，因此，必须给予高度重视。

一、排料技术标准

1. 面料经纬纱向规定

设计师在板型设计环节，根据服装款式及实用功能对各衣片布纹方向都做出了明确的规定。因此，在设计排料方案时必须遵守其设计原则以确保服装外观效果及质量。另外，在国家颁布的服装质量检验标准中，对于纺织面料用于服装各部位有关经纬纱向也做出了明确规定，例如："外套前后衣身、袖子、领面、口袋等主料纱线方向除款式因素以外必须一致" 等等。从成衣生产制造角度分析，纺织面料外观织纹方向分类包括竖纹、横纹、斜纹、花纹；从物理性能测试分类包括经向、纬向、斜向、四面弹力。这些都是决定样板在排料过程中有关布纹方向定位的重要因素（表 4–14，图 4–11）。

表4–14　上衣部位经纬纱线方向规定

单位：cm

部　位	经 纬 纱 线 方 向 规 定	纬斜
前衣身	经向纱线以横开领纵向延长线为标准，纬向纱线以胸围线为标准	0
后衣身	经向纱线以腰节线以上背中线为标准，纬向纱线以胸围线为标准	+0.5
袖　子	经向纱线以袖中线为标准，纬向纱线以袖山深线为标准	+1
领　面	经向纱线以领中线为标准，纬向纱以领中垂线为标准	0
口　袋	经向纱线与前衣身一致，斜纹面料左右口袋对称	0
过　面	经、纬向纱线均以前中线为标准确定	0
注	条格等图案面料均以图案方向为标准确定经纬纱线方向	

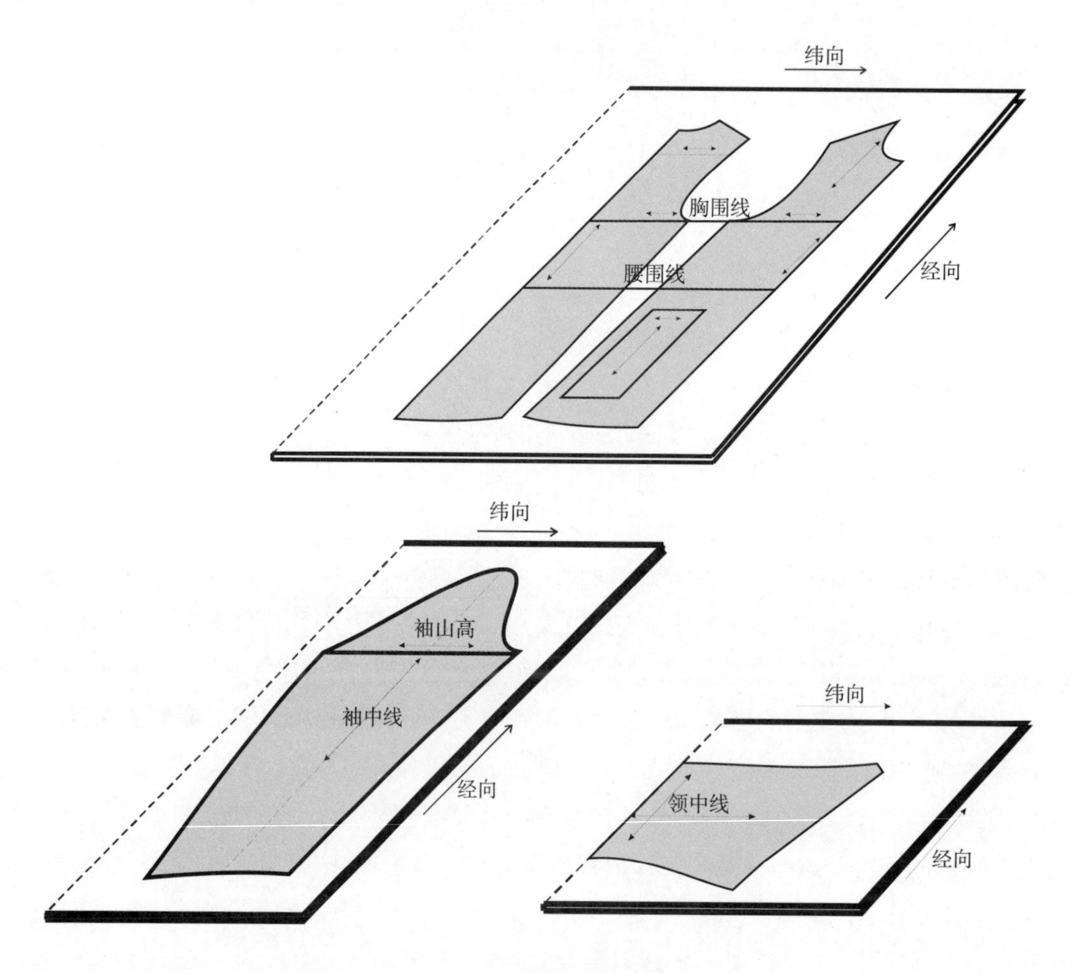

图4-11 上衣部位经纬纱向规定

2. 面料对条对格规定

选择条格面料制作的成衣外观效果是十分明显的，为了保证条格循环的完整性在排料时应该严格遵守操作规定：条对条、格对格；条格对条格，误差值与条格循环成反比，条格循环越大误差越小；阴阳格面料周身倒顺方向一致；斜向用料左右衣片反方向对称（表 4-15）。

表4-15 对格对条规定

单位：cm

部　位	对格对条规定	误　差
左右前衣身	横、竖条格以前中线为标准左右衣身对位	0～0.5
口袋与前衣身	格对格、条对条	0
上下衣身	格对格、条对条	0
袖子与前衣身	袖肘线与腰节线横条对位、袖山深线与袖窿深线横条对位	0～0.5
前后袖缝	袖肘线以下横条对位	0～0.3
后中缝	横、竖条以后中缝为标准左右片对称	0
后中缝与领面	格对格、条对条	0
肩领与驳头	前衣身左右肩领对称	0
摆缝	自胸围线以下 10 至下摆横条对位	0～0.5
左右袖子	以袖中线为标准条格顺直、左右对称	0～0.5

3. 面料色差规定

色差是指面料在染色、整理过程中造成的颜色差别，在衣料中的表现为色相的深浅明暗或色彩纯度的高低。例如：同色号不同批次染整的面料会出现色差，同一匹面料的布边与布面会出现色差，素色面料的正反面会出现色差，素色面料布纹方向倒顺也会出现色差。上述情况在实际排料过程中如果处理不好都会对产品外观效果造成影响，因此，设计排料方案必须要严格执行色差等级检验标准，降低因色差造成的质量问题。通常织物色差等级是以国家统一标准为对照检验标定的，其中色差等级由大到小共分五级，即一级色差面料表面造残最大最明显，五级色差面料表面造残最小而不明显。涉及外套成衣的色差规定：衣领、口袋与前衣身色差不低于五级，袖子与衣身色差不低于四级，其余部位色差允许四级，对于超过四级色差不分部位必须降低等级。

4. 面料倒顺方向规定

对于有方向感织纹和有方向感图案的面料，同一号型衣片必须采取同向排料的方法，以确保同一件成衣面料光泽、色度、图案方向的一致性。在设计实践中，不仅要保证同向裁片外观的一致性，还要保证前后衣片的一致性。例如：绒毛面料外套前后衣身之间、身袖之间，在排料时一定要遵守同号同向的排料原则。对于带有倒顺图案的面料也是如此，通常面料图案状态与着装者状态之间必须是同向的，一定要避免面料图案状态与着装者状态相反或衣片之间图案状态混乱的现象。

5. 面料拼接规定

服装的主料、辅料部件在不影响产品外观、质量以及规格的前提下，排料按照国家服装质量检验标准规定允许拼接，例如过面、领里、后袖等，巧妙的设计拼接位置可降低成衣用料成本。外套允许拼接部位如下：

（1）主料部位

关门领领面：中档成衣允许在后中线处拼接一道，高档成衣不允许拼接。

驳口领领面：条格面料领面与后衣身之间必须保证一致，不允许拼接。

袖子：一片袖允许拼接位置不超过后袖围度的二分之一；两片袖不允许拼接。

（2）里料部位

过面：中档成衣允许在驳口线以下扣眼之间拼接一道，高档成衣不允许拼接。

领里：中档成衣允许在后领中线至肩缝两端处拼接一道，高档成衣不允许拼接。

袋盖里：允许在非边、角处拼接一道，高档成衣不允许拼接。

过肩里：允许在背中线处拼接一道，高档成衣不允许拼接。

二、排料形式与技巧

排料形式按照成衣生产模式划分包括单号型排料和系列号型排料两种形式。

1. 单号型排料

单号型排料是指单独号型相同类别部件的排列形式，根据样板廓型进行单号混合排料。单号型排料适用于成衣个体定制模式或样衣试制个体生产模式。外套类品种衣片包括前后衣身、袖子、领面、领里、过面、口袋盖（带板）、腰带等。

2. 系列号型排料

系列号型排料是指同一款式系列号型相同类别部件的排列形式，根据样板廓型进行系列样板混号混合排料。系列号型排料适用于成衣化批量生产模式，由于多号型样板廓型具有形相似、量相近的特点，在排料过程中可以采用各种技巧灵活套排，这样可以大大提升有效面积的利用率，降低成衣用料成本。但是，系列号型套排受配备人员及操作条件限制，具有一定的局限性，并不是多多益善。经过大量的实践验证，设计排料方案以偶数号型套裁最为适宜，例如两号套排或四号套排。

3. 套排料技巧

套排料是指根据样板廓型不规则变化的特点，采取相互穿插、凹凸互借等方法设计出最节省面料的样板排序形式，以达到降低产品用料成本的目的。在设计实践中，根据样板廓型特点操作人员总结出很多种程式化排序法则，例如：直边向边靠、斜边互借好、弧线相互交、凹凸相互套、同号同向误颠倒、同号左右误颠倒、大小号互借、同类不同号互借、经纬斜方向正确等等，灵活运用排料法则可以使排料方案达到极佳效果。

三、画样方法

画样是指将排料方案记录在面料或纸上指导裁剪工进行操作，此过程被行业内称为“画皮”。传统手动画样方法包括：直接法、图纸法、漏板法。现代服装生产企业多采用计算机绘图方法。

1. 直接法

将样板廓型图直接复制在面料上，裁剪工以此为依据进行段料、铺料、推刀，这种操作程序线迹清晰使用方便快捷，比较适宜深色厚面料、板型部件结构简单品种类型的成衣生产。

2. 图纸法

将排料设计方案以 1∶1 比例画在与面料等幅宽的纸上，裁剪时放在铺好面料的最上层，裁剪工以此为标准进行操作。这种方法因为仅供一次性使用，适宜小批量试投产品种类型的成衣生产。

3. 漏板法

将排料方案复制在硬纸板上，然后用压轮按照样板廓型做标记成为漏板，裁剪工在操作时将漏板放在铺好面料的最上层，沿线迹做标记后再裁剪。这种方法由于可以反复使用，非常适宜大批量生产的成衣类型。

4. 计算机画样法

采用“服装 CAD 软件”设计排料方案并随机储存，根据需要可借助绘图仪直接绘图或由计算机控制操作系统控制自动化裁床进行裁剪。

四、应用实例

（一）四开身箱形外套

设计箱形外套排料图，型号：S、M、L、XL，系列样板参见本章第三节。

1. 成衣规格（表 4-6）

2. 面料幅宽

主料：幅宽 140cm，衬里：幅宽 140cm

3. 排料

（1）单号单排（图 4–12）

主料：双幅排料，前后衣身、袖子、领面、过面顺向。

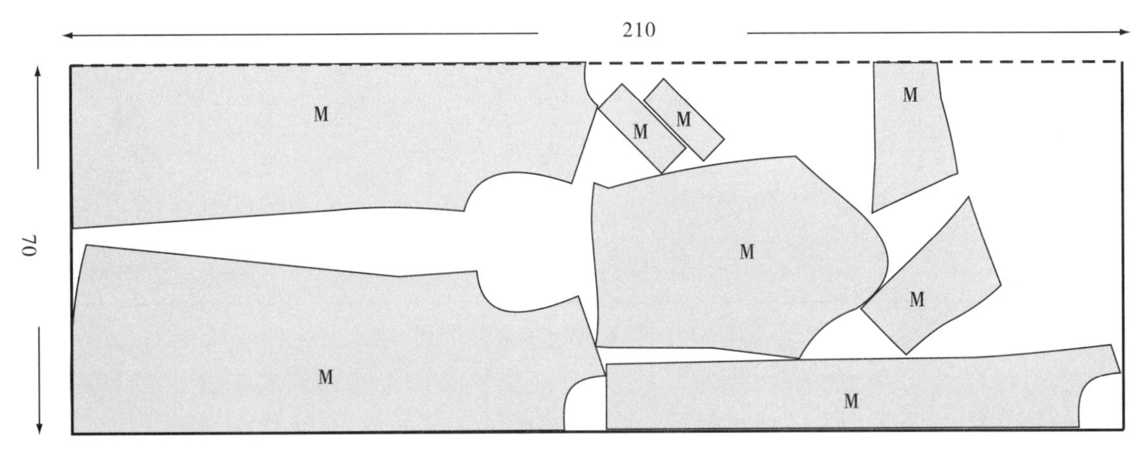

图4–12　箱形外套主料单号排料图

（2）双号套排（图 4–13）

主料：单幅排料，前后衣身、袖子、领面、过面同号同向，四件用料 = 段长 ×2。

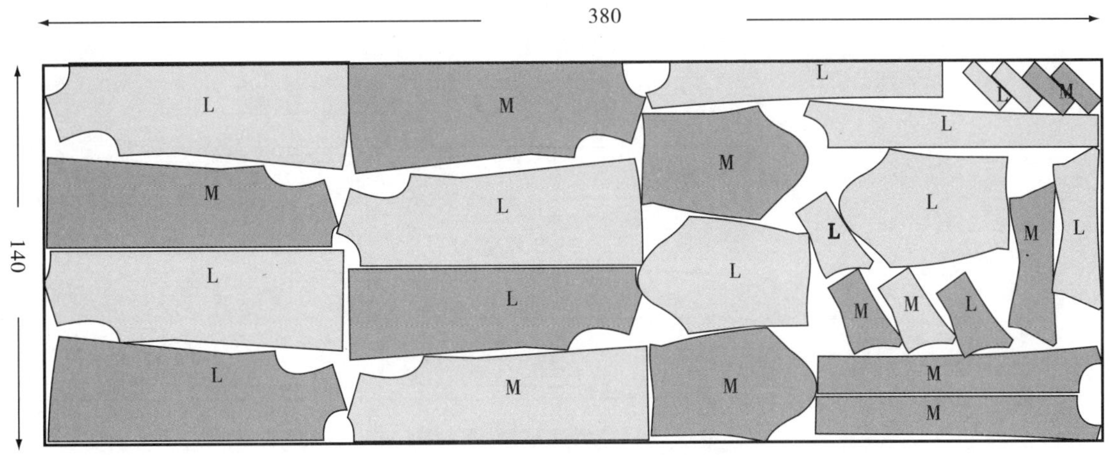

图4–13　箱形外套主料双号排料图

（3）衬里

衬里排料参考主料排料方法，排料图在此不作赘述。

（二）六开身 X 型长外套

设计舒适型长外套排料图，型号：S、M、L、XL，系列样板参见本章第三节。

1. 成衣规格（表 4–10）

2. 面料幅宽

主料：幅宽 140cm，衬里：幅宽 140cm

3. 排料

（1）单号单排（图 4–14）

主料：双幅排料，前后衣身、大小袖、领里、过面连领面顺向。

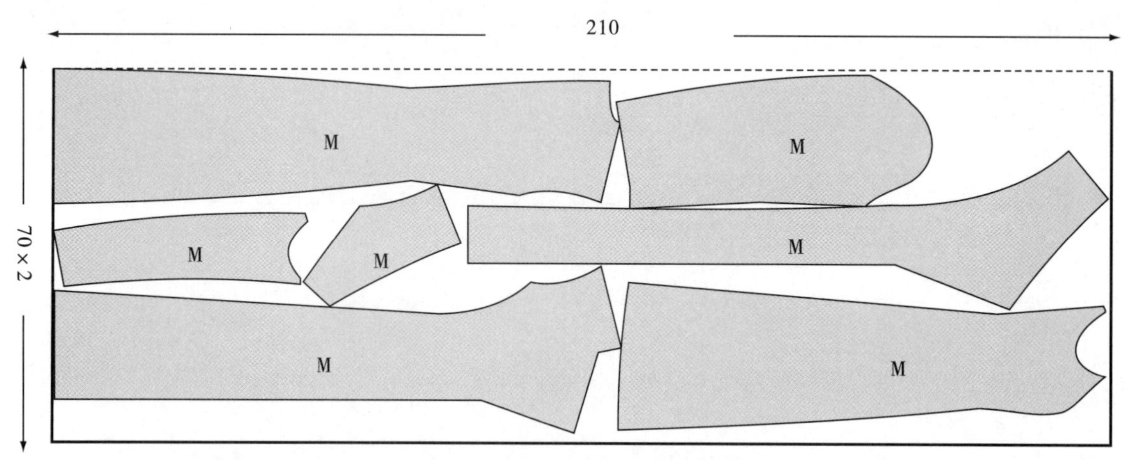

图4-14 X型长外套主料单号排料图

（2）双号套排（图 4-15）

主料：单幅排料，前后衣身、大小袖、领里、领面连过面顺向，四件用料 = 段长 × 2

（3）衬里

衬里排料参考主料排料方法，排料图在此不作赘述。

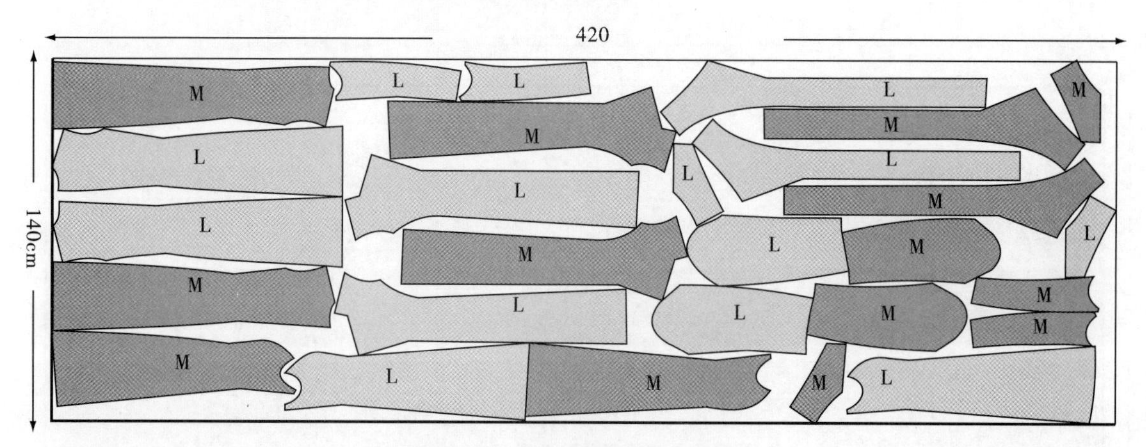

图4-15 X型长外套主料双号排料图

思考题：

1. 简述成衣工业样板种类及作用。
2. 制作成衣工业样板包括哪些程序？
4. 制作成衣工业系列样板包括哪些程序？
5. 外套各部件标记线是如何确定的？
6. 排料、画样标准包括哪些方面？
7. 采用比例法设计四开身外套，板型结构图、工业系列样板、排料图。

   号型规格：155/80A 5 · 4 系列
8. 采用原型法设计六开身半紧身型女装外套，板型结构图、工业系列样板、排料图。

   号型规格：155/80A 5 · 4 系列

第五章
外套板型设计实例

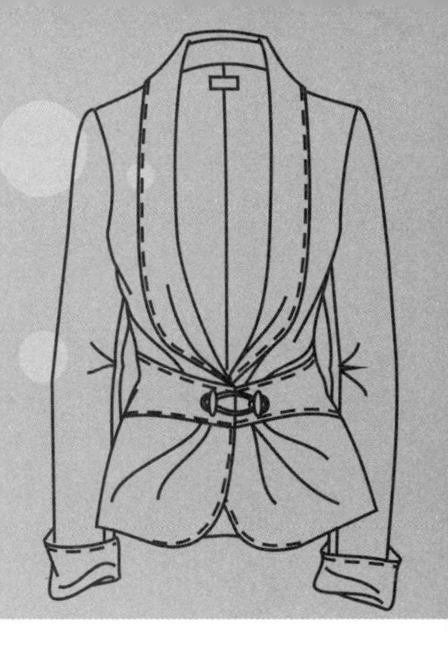

第一节　按订单、样衣制版

订单是指供销双方签订的购销委托合同书。内容包括货品名称、合同编号、产品型号、单价、数量、总额、验货期、交货期、款式图、成衣规格、样品说明、面料要求、质量要求、商标及包装要求等(表5-1)。

样衣是表达服装款式设计效果最直观的一种视觉语言形式,不论是服装款式、板型结构、缝制工艺,还是面料色彩、质地以及配料、配饰等等都可以做出明确的说明。另外,样衣通常是经过生产、销售等环节反复验证确认的成熟产品,即可以为板型设计、生产工艺流程、验货等提供准确的技术标准,同时,还可以大大缩短新产品的试制周期。

根据订单、样衣制版,适合成衣企业生产经过市场销售确认的成熟产品的板型设计,称作"拷板"(扒板)。板型师、工艺师必须认真审核样衣、订单,如有异议及时与客户沟通,产品一经确认制定样品试制通知单并按此执行。样品试制通知单内容包括服装名称、产品编号、号型、数量、款式图(生产示意图)、成衣规格表、样品材料说明、缝制要求、质量要求、商标及包装要求等等(表5-2,表5-3)。

本节以表5-1订单委托生产的女式软体短外套为应用实例,进行外套板型设计。

表5-1 购销委托合同书

<table>
<tr><td colspan="2">甲方:*** 商场</td><td colspan="3">乙方:</td></tr>
<tr><td colspan="2">货品名称:女式软体短外套</td><td colspan="3">合同编号:20100308</td></tr>
<tr><td colspan="2">验货日期:</td><td colspan="3">交货日期:</td></tr>
<tr><td>型号</td><td>数量</td><td>单价</td><td>总额</td><td>备注</td></tr>
<tr><td>S</td><td>200</td><td>元</td><td>元</td><td></td></tr>
<tr><td>M</td><td>300</td><td></td><td></td><td></td></tr>
<tr><td>L</td><td>400</td><td></td><td></td><td></td></tr>
<tr><td>XL</td><td>100</td><td></td><td></td><td></td></tr>
<tr><td colspan="5">样衣材料说明:
主料:素色 100% 毛女式呢。材料、染料必须符合国家环保检验标准。面料长、宽回缩率 3%。
里料:与面料同色真丝平纹里子绸。材料、染料必须符合国家环保检验标准。面料长、宽回缩率 5%。
配件:腰带扣一枚。
商标:1 个,客供。
洗涤标:1 个,客供。</td></tr>
<tr><td colspan="2">款式说明:
女式软体短外套的设计充分体现了现代女性随意不失庄重、挺拔不失柔美的着装理念。服装整体造型简洁、大方,下垂丝瓜领与束腰细碎褶皱相融合,在流动的曲线穿插中形成对比,充分体现了动与静的节奏变化,100% 全毛面料演绎出软体短外衣的高贵与时尚。</td><td colspan="3">款式图:
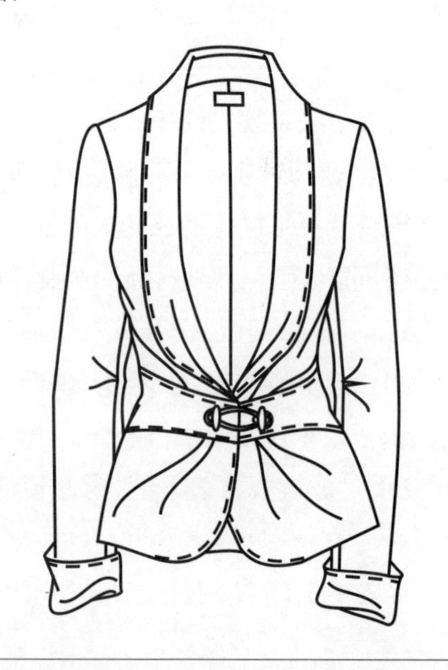</td></tr>
<tr><td colspan="5">缝制工艺要求:
1. 针距:15 ~ 18 针 /3cm。
2. 缝份:肩缝、侧缝、前后袖缝、后中缝、止口缝份 1.5cm;下摆折边 4cm;袖口折边 3cm。
3. 黏衬:驳头、前胸、领里、袖口均粘贴有纺衬。
4. 缝制:门襟扣位定腰带扣一枚;袖口向外翻折马蹄袖;袖口、门襟明线 0.1cm。</td></tr>
<tr><td colspan="5">商标、包装要求:
1. 商标:衬里后领中下 3cm。
2. 洗涤标:衬里左侧缝腰节线下向前 2cm。
3. 包装:立体吊带包装。</td></tr>
<tr><td colspan="2">电话:</td><td>传真:</td><td colspan="2">地址:</td></tr>
</table>

表5-2　样衣试制通知单（一）

<table>
<tr><td colspan="7">单位名称：*** 商场</td><td>设计：</td></tr>
<tr><td colspan="7">产品名称：女式软体短外套</td><td>审核：</td></tr>
<tr><td colspan="7">产品编号：</td><td>客户确认：</td></tr>
<tr><td colspan="8">产品号型规格：160/84A　5・4 系列</td></tr>
<tr><td rowspan="2">规格
部位</td><td>S</td><td>M</td><td>L</td><td>XL</td><td>XXL</td><td>XXXL</td><td rowspan="2">公差</td></tr>
<tr><td>155/80</td><td>160/84</td><td>165/88</td><td>170/92</td><td></td><td></td></tr>
<tr><td>衣　长</td><td>64</td><td>66</td><td>68</td><td>70</td><td></td><td></td><td>2</td></tr>
<tr><td>胸　围</td><td>96</td><td>100</td><td>104</td><td>108</td><td></td><td></td><td>4</td></tr>
<tr><td>背　长</td><td>37</td><td>38</td><td>39</td><td>40</td><td></td><td></td><td>1</td></tr>
<tr><td>袖　长</td><td>53</td><td>54.5</td><td>56</td><td>57.5</td><td></td><td></td><td>1.5</td></tr>
<tr><td>肩　宽</td><td>38</td><td>39</td><td>40</td><td>41</td><td></td><td></td><td>1</td></tr>
<tr><td>袖口宽</td><td>13</td><td>13</td><td>14</td><td>14</td><td></td><td></td><td>1</td></tr>
<tr><td>领　围</td><td>38</td><td>39</td><td>40</td><td>40</td><td></td><td></td><td>1</td></tr>
<tr><td>袖边折边宽</td><td>7</td><td>7</td><td>7</td><td>7</td><td></td><td></td><td></td></tr>
<tr><td>前后腰封宽</td><td>9</td><td>9</td><td>9</td><td>9</td><td></td><td></td><td></td></tr>
<tr><td colspan="8">样衣材料说明：
主料：素色 100% 毛女式呢。材料、染料必须符合国家环保检验标准。面料长、宽回缩率 3%。
里料：与面料同色真丝平纹里子绸。材料、染料必须符合国家环保检验标准。面料长、宽回缩率 5%。
配件：门襟搭扣一套。
商标：1 个，客供。
洗涤标：1 个，客供。

缝制工艺要求：
1. 针距：15 ～ 18 针 /3cm。
2. 缝份：肩缝、侧缝、前后袖缝、后中缝、止口缝份 1.5cm；下摆折边 4cm；袖口折边 3cm。
3. 黏衬：驳头、前胸、领里、袖口均粘贴有纺衬。
4. 缝制：门襟扣位定腰带扣一枚；袖口向外翻折马蹄袖；袖口、门襟明线 0.1cm。

商标、包装要求：
1. 商标：衬里后领中下 3cm。
2. 洗涤标：衬里左侧缝腰节线下向前 2cm。
3. 包装：立体吊带包装。</td></tr>
<tr><td colspan="8">备注：成衣规格数据以“cm”为单位。</td></tr>
</table>

表5-3 样衣板型设计通知单（二）

单位名称：*** 商场							设计：
产品名称：女式软体短外套							审核：
产品编号：							客户确认：
产品号型规格：160/84A 5·4 系列							单位：cm
规格 部位	S	M	L	XL	XXL	XXXL	公差
	155/80	160/84	165/88	170/92			
衣 长	64	66	68	70			2
胸 围	96	100	104	108			4
背 长	37	38	39	40			1
袖 长	53	54.5	56	57.5			1.5
肩 宽	38	39	40	41			1
袖口宽	14	14	15	15			1
领 围	38	39	40	40			1
袖口折边	7	7	7	7			
前后侧腰封	10	10	10	10			

款式图：

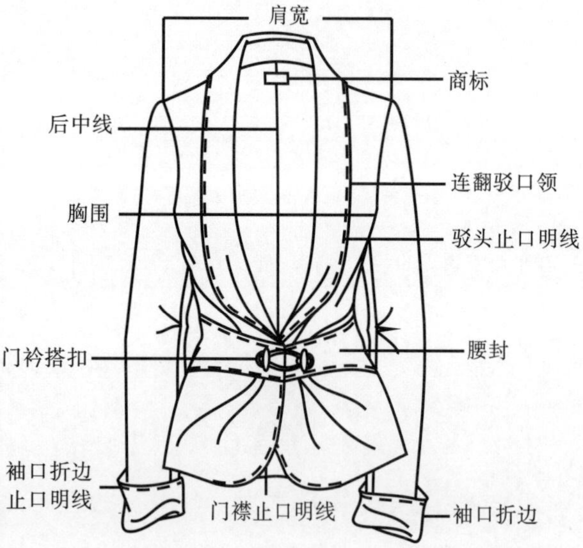

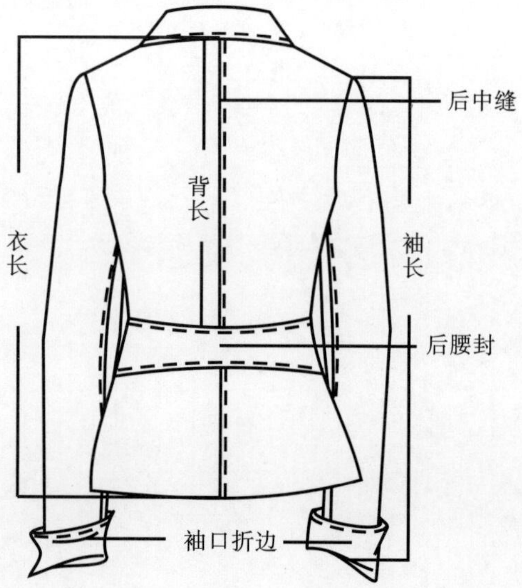

一、审核样衣、订单

1. 确认原材料

根据样衣、订单了解并确认主料、衬里、辅料的各项技术指标及货源。包括面料(面料、衬里、衬、口袋布)、材质、克重、颜色、回缩率、外观属性;辅料(黏合衬、拉链、纽扣、商标等)使用要求;面料供货要求(自筹或客供)。

2. 分析样衣款式、板型结构、缝制工艺

板型师、工艺师根据订单和样衣提供的成衣款式、板型结构、缝制工艺以及零部件配置等各项技术指标,认真分析、准确领会并加以确认绘制款式生产示意图。

3. 核准成衣号型规格与各部件尺寸

板型师进行板型设计必须认真审核订单号型规格、样衣成衣规格及各零部件规格,确认号型规格及对应部位。对客供规格必须准确领会、严格执行,避免由于复制品与样品规格不吻合所造成的一系列问题。

4. 确认商标、包装要求

确认商标、洗标、吊牌的缝制方法、位置及供货要求。确认包装形式(折叠包装、立体包装)、装箱要求(单色单号装箱、混色混号装箱)及供货要求。

二、审核样品号型、规格及大货型号

根据样衣制版必须要以样衣的各项指标为依据不得擅自修改,如有异议必须要与对方协商、确认,以保证复制品与样衣一致。

1. 确认样衣

衣长:样衣后衣身朝上平铺,自后领中延后中线垂直测量至下摆边线。

胸围:以样衣左右袖窿底点下移 2cm 为参照点,水平围量一周。

腰围:样衣后衣身朝上平铺,以背长为参考位置水平围量一周。

臀围:以样衣腰节线下移 15cm 为参照点,水平围量一周。

肩宽:样衣后衣身朝上平铺,自左肩点至右肩点间的水平距离。

袖长:样衣袖子平铺,自肩点沿袖中线量至袖口边线。

领底口弧长:样衣领子打开平铺,自左领口端点沿领底弧线量至右领口端点间的距离。

领外口弧长:样衣领子打开平铺,自左领尖沿领外口量至右领尖间的距离。

袖口宽:袖口平铺测量袖口宽度。

前胸宽:样衣前衣身朝上平铺,自左右袖窿深上移 3cm 为参照点,水平测量。

后背宽:样衣后衣身朝上平铺,自左右袖窿深中点为参照点,水平测量。

2. 确认大货型号及母板号型

大货型号在订单中已经做出明确规定,板型师根据样衣号型规格就可以设计大货系列号型成衣规格、确定母板型号。女式软体短外套确认 M 号为母板型号,根据面料回缩率计算出实际成衣规格数据,应用于板型设计环节(表 5-4)。

表5-4 5·4系列成衣号型规格

部位 \ 号型	S	M	L	XL	公差
	155/80A	160/84A	165/88A	170/92A	
衣　长	64	66	68	70	3
胸　围	96	100	104	108	4
肩　宽	38	39	40	41	1
背　长	37	38	39	40	1
袖　长	53	54.5	56	57.5	1.5
袖口宽	14	14	15	15	1
袖口折边宽	7	7	7	7	
前后侧腰封	10	10	10	10	
备　注	成衣规格数据含回缩值,以"cm"为单位				

三、板型结构设计

板型师根据订单上的服装款式图(生产示意图)、样衣等资料准确理解款式创意,运用平面、立体或平面立体相结合的板型设计方法,设计出能够准确展现款式设计创意的服装结构形式并绘制板型结构图。

款式概述:该款式板型结构与传统短外套有所区别,强调随体、休闲的特点。四开身、丝瓜领、一片袖、腰带式弧线分割与门襟搭扣组合。主料:羊毛女式呢,衬里:真丝平纹里子绸,回缩率3%。

(一)比例法制版

1.主要控制部位比例公式(表5-5)

表5-5 主要部位分配比例

部位 \ 比例	前片	后片
衣　长	衣长+2	衣长
落　肩	胸围/20	胸围/20-1
袖窿深	胸围/6+7	胸围/6+7
腰节长	前腰节=号/4+1	后腰节=号/4
侧缝宽	胸围/4	胸围/4
肩　宽	肩宽/2	肩宽/2
胸背宽	前胸宽=前肩宽-2.5	后背宽=后肩宽-2
领口宽	领围/5	领围/5
领口深	领围/5+1	2.5
袖　围	胸围/5-2	胸围/5-2
袖山深	AH/3-1	

2. 板型结构图(图 5-1,图 5-2)

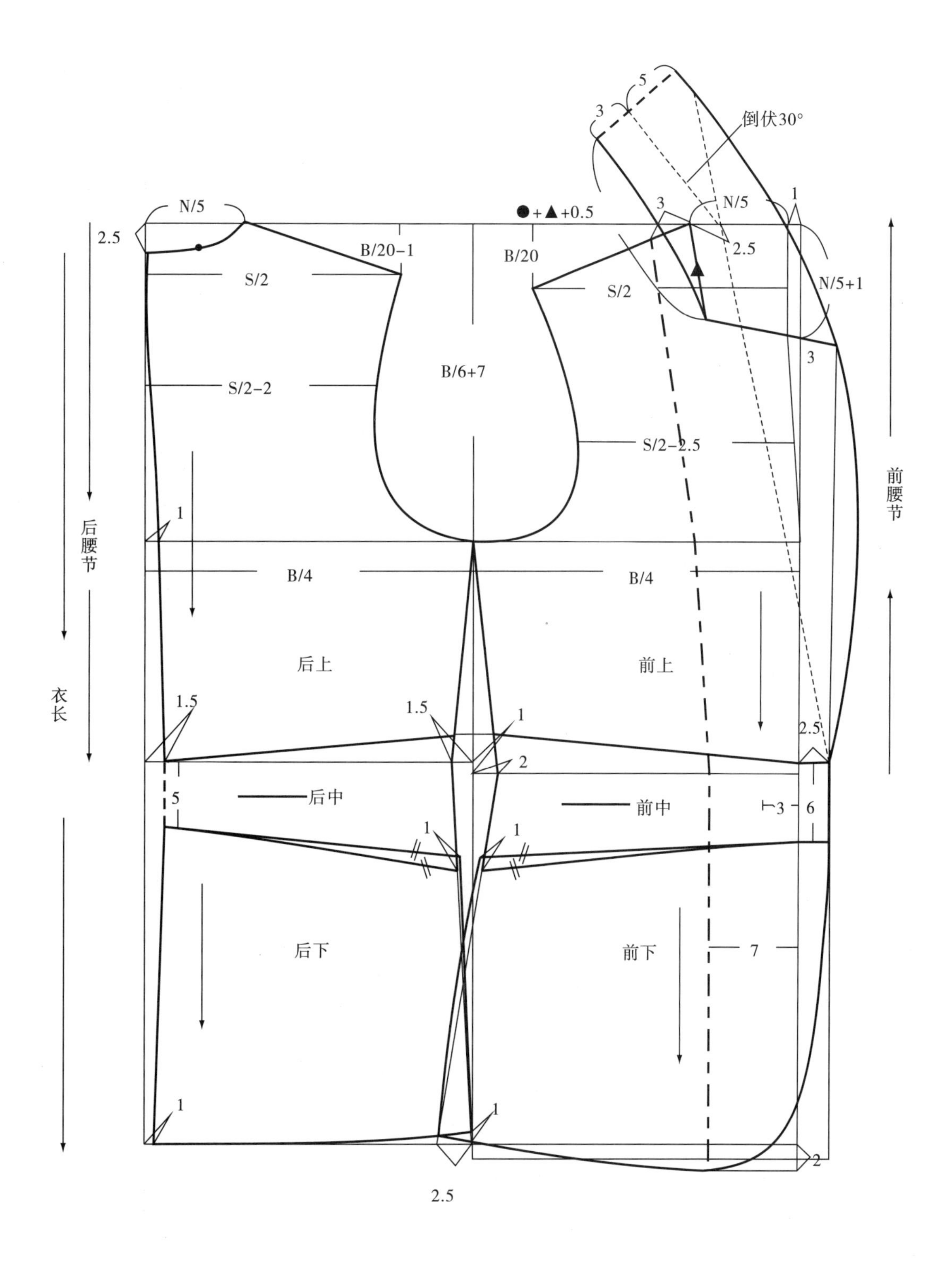

图5-1　比例法衣身板型结构图

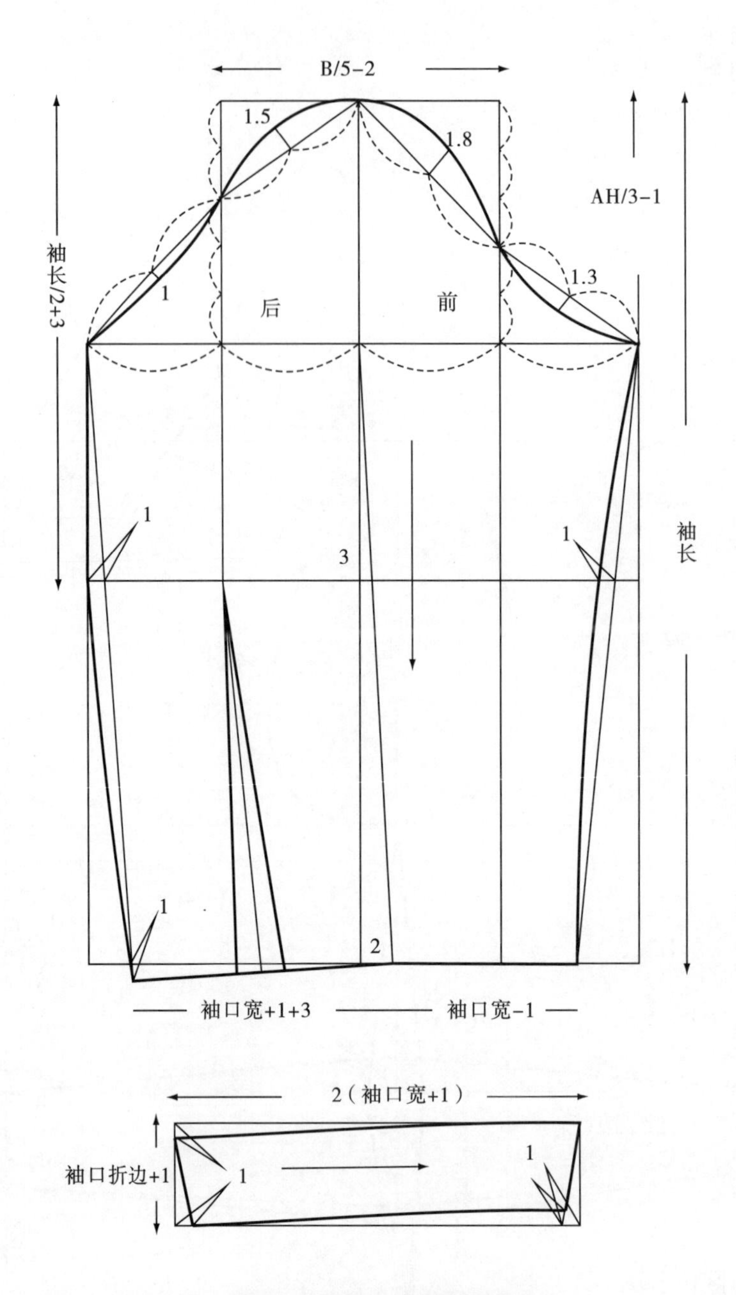

图5-2 比例法一片袖板型结构图

（二）原型法制版

1. 板型结构分析

衣身：

该款式采用四开身半紧身型结构形式，胸围加放松量值16cm，其中原型基础松量12cm，款式追加松量4cm。以原型为基础，将腋下省分解，其中1/2用于调整袖窿开度，余下的1/2用于调整腰节线翘度；前、后腰省分解调整胸、腰、臀三围差量关系；后肩省分解使后领口宽追加0.5cm，后肩宽内收1cm。以应用原型为基础根据放量采寸原则追加松量值，后侧缝1cm、前中线1cm、袖窿开度1cm、前领口宽追加1cm。另外，该款式领型属驳口领，以腰节线为标准定位连接驳口线，确定门襟搭扣、搭门宽2.5cm（图5-3）。

一片袖：

根据衣身板型结构袖窿部位调整数据袖山高和前后袖围分别追加 1cm，以此确保成衣袖窿部位着装的舒适度；后袖口中点施加袖肘省（3cm）调整袖子下垂的自然贴体状态；袖口折边一定要与袖口结构相吻合，以保证袖口折边与袖口部位吻合。

2. 板型结构图（图 5-3，图 5-4）

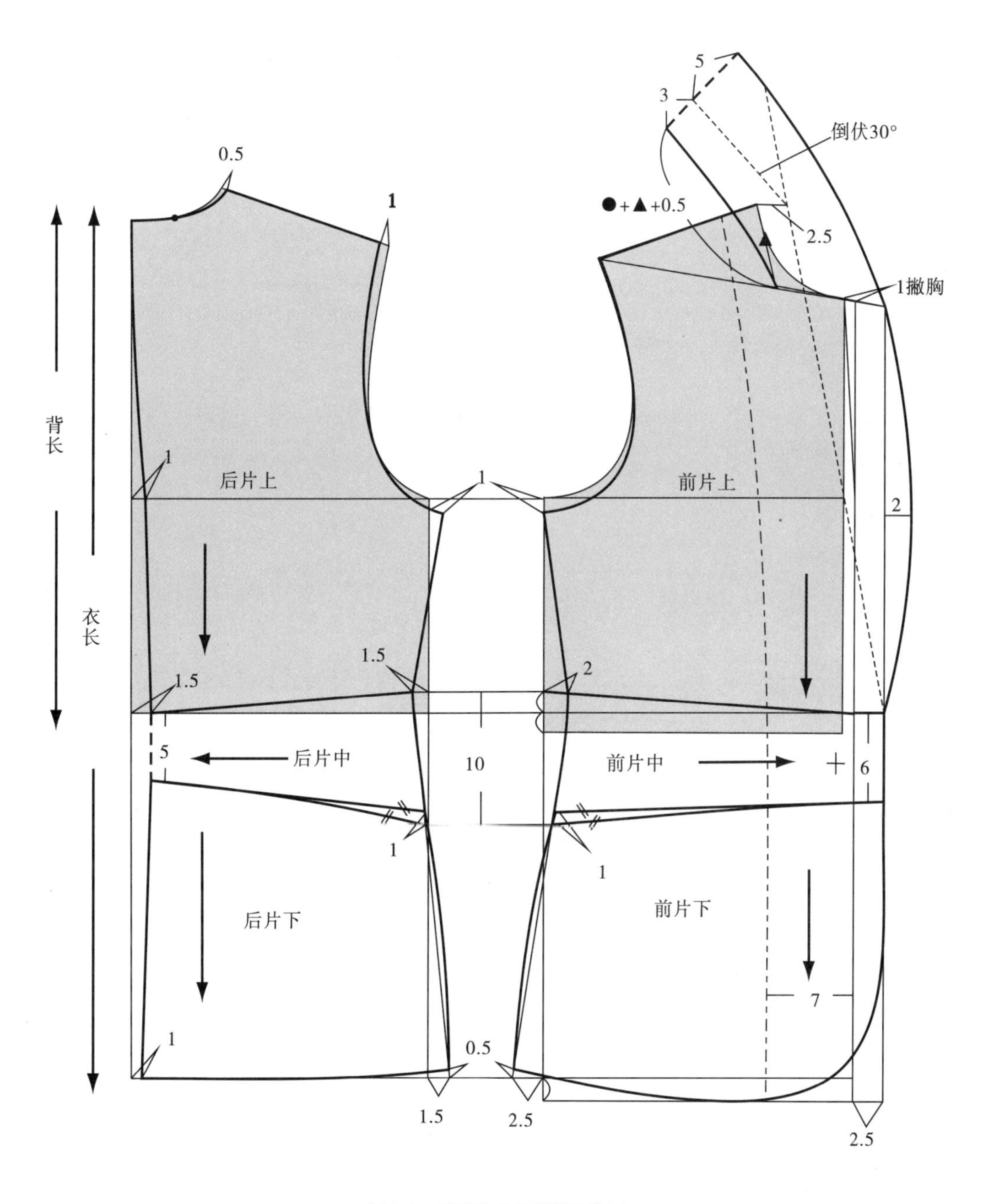

图5-3　原型法衣身板型结构图

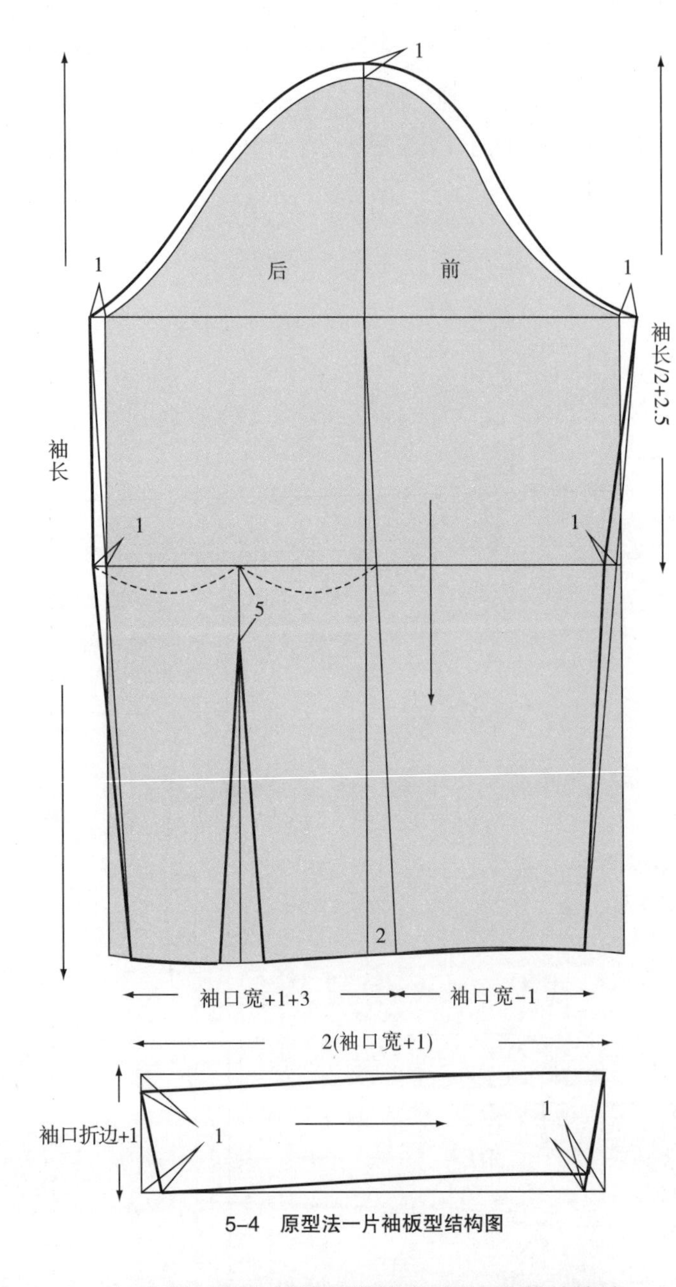

5-4 原型法一片袖板型结构图

四、试制样衣、制作工业系列样板

试制样衣具有双重含义：一方面，根据服装款式创意设计缝制工艺和生产工艺流程；另一方面，通过试制完成初始样板由平面—立体的复原过程，检验板型结构图的吻合度，对于款式、板型、规格、工艺等设计环节不完善之处给予修改、补正，同时记录工艺流程步骤、记录每一缝制程序所需工时，为产品定价提供第一手资料。

产品在试制过程中必须严格按照板型结构图、缝制工艺程序进行操作，并且按照“样品试制通知书”由审核员逐一进行核审，具体内容包括确认试制样品规格是否与订单成衣规格一致、确认样品缝制工艺是否与样衣一致、确认样品主辅料是否符合订单要求，如果出现异议要及时与客户沟通。样品确认封样后不得擅自修改，进入工业系列样板制作环节。工业样板是指经过试样、修正、确认的板型结构图完成加放缝份、加放折边、标记、标注等各项程序以后确定的样板，是制作工业系列样板的基础。

（一）制作母板

1. 主料、衬里、辅料部件缝份、折边及裁片统计

缝份：前后领口弧线、前后袖窿弧线、袖山弧线、前后肩缝、前后外侧缝、止口、前后袖缝、袖口折边、过面、领面、领里、后中缝 1.5cm。

折边：主料下摆折边 4cm，衬里下摆折边 3cm。

裁片统计：（表 5-6）。

表5-6 裁片统计

单位：片

部件名称	前片	后片	袖片	袖口折边	领里	过面
主 料	6	4	2	2	2	2
衬 里	2	2	2	2		
辅料衬	2			2	2	2

2. 主料母板(图 5-5)

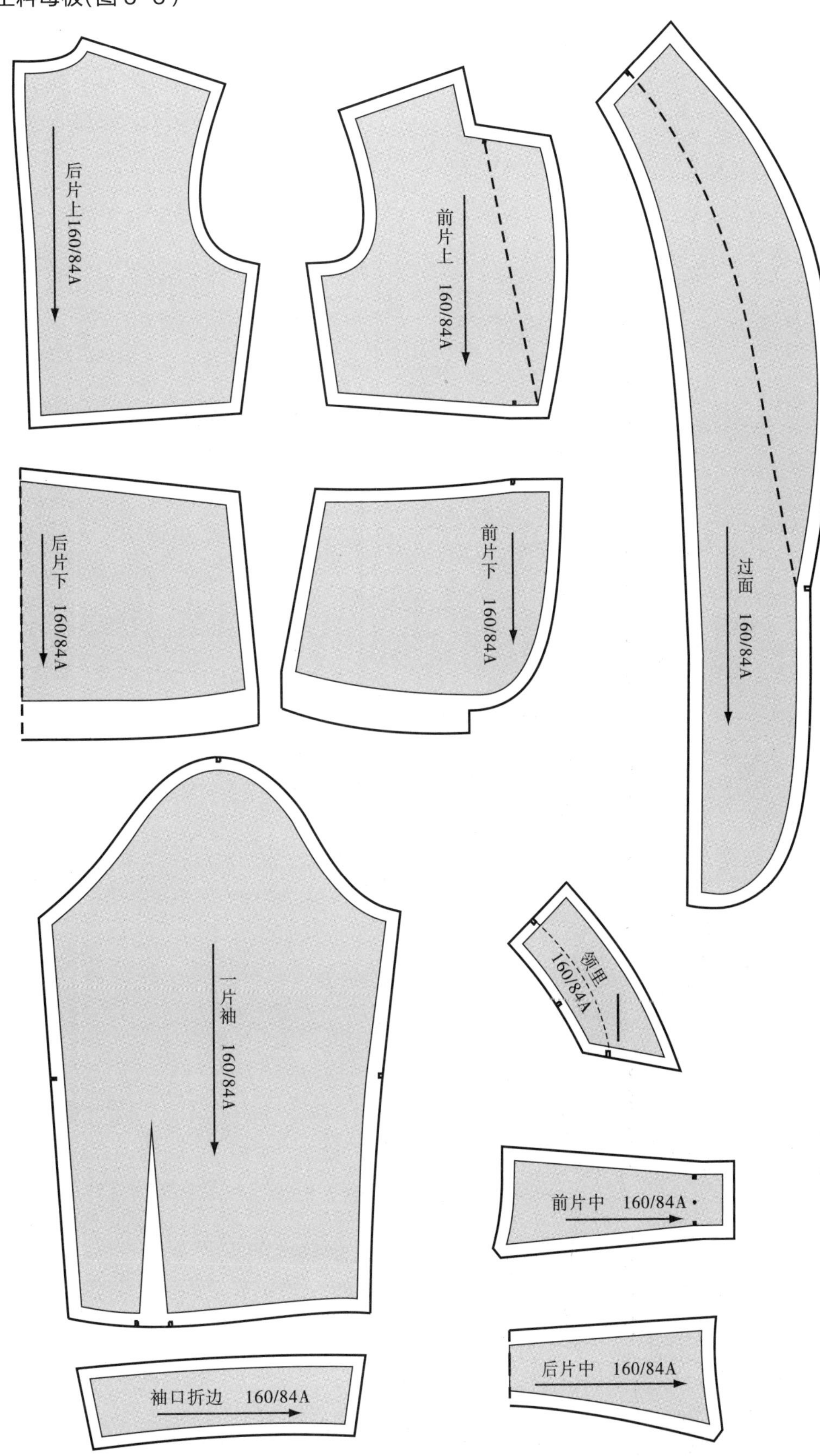

图5-5　软体短外套主料母板

3. 衬里母板(图 5-6)

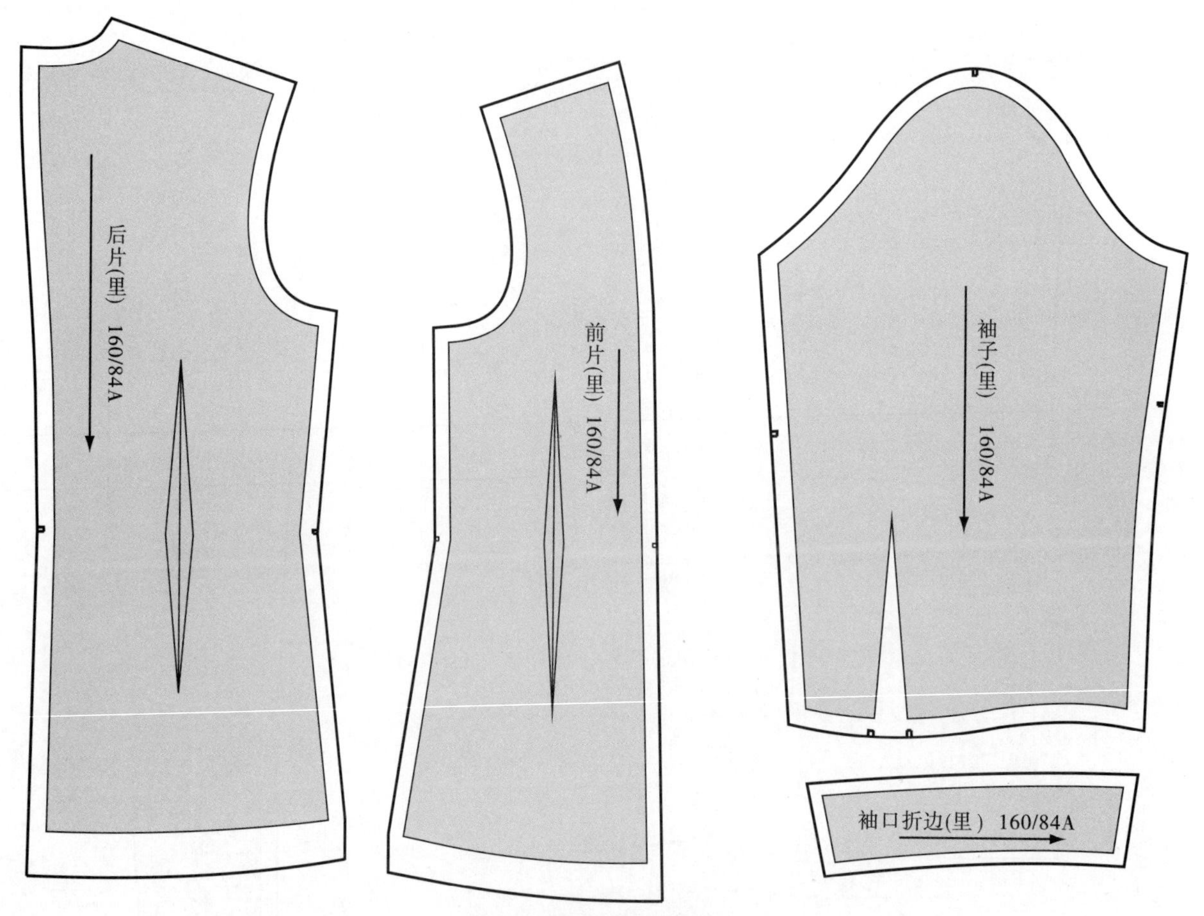

图5-6 软体短外套衬里母板

4. 辅料样板

裁剪样板：黏合衬裁剪样板(图 5-7)。

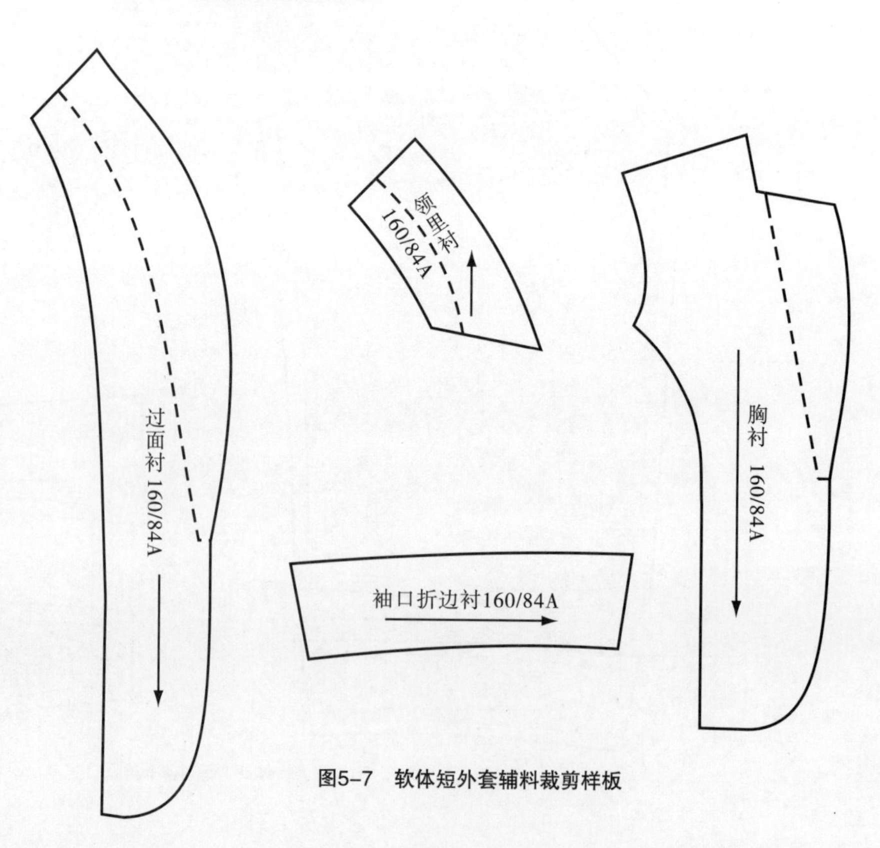

图5-7 软体短外套辅料裁剪样板

工艺样板(图 5-8)

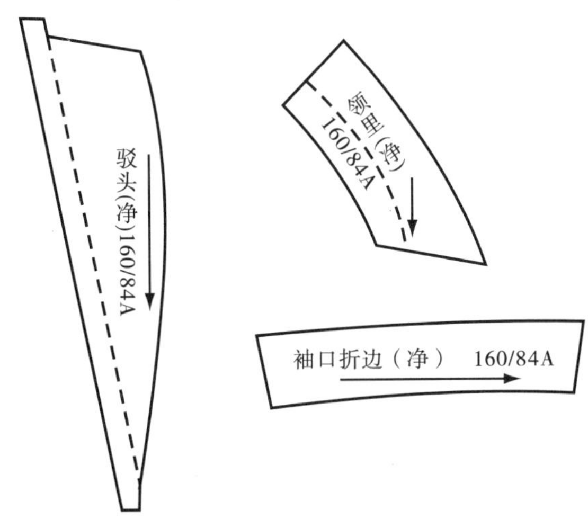

图5-8　软体短外套辅料工艺样板

(二)工业系列样板

1. 档差值

根据外套成衣规格确定工业系列样板推板档差数值(表 5-7)。

表5-7　成衣各部位推板档差数值

单位：cm

部位	档差值	推板档差数值
衣长	3	各号型衣长之间的差数 3
背长	1	各号型背长之间的差数 1
胸围	4	各号型胸围之间的差数 4
肩宽	1	各号型肩宽之间的差数 1
袖长	1.5	各号型袖长之间的差数 1.5
领围	1	各号型领围之间的差数 1
袖口宽	0.4	各号型袖口之间的差数 0.4

2. 基准线

根据外套板型结构图确定母板纵横坐标线(表 5-8)。

表5-8　母板基准线

部　　位	纵　坐　标	横　坐　标
前片上	前中线(搭门线)	胸围线(袖窿深线)
后片上	后中线	胸围线(袖窿深线)
前片中	前中线	腰围线
后片中	后中线	腰围线
前片下	前中线	腰围线
后片下	后中线	腰围线
袖　子	袖中线	袖山深线
领　子	后中线	驳口线
袖头折边	袖中线	

3. 推档数值

根据母板确定各推档部位，按分配比例计算各部位推档数值（表 5-9）。

表5-9 母板各部位推挡数值

单位：cm

名称	标记点	推档部位	规格档差	分配比例	推档数值
衣身	A	衣长	3		3
	B	袖窿深	4	1/6	0.67
	C	背长	1		1
	D	前领口宽	1	1/5	0.2
	E	后领口宽	1	1/5	0.2
	F	前、后肩宽	1	1/2	0.5
	G	胸、背宽	1	1/2	0.5
	H	前、后胸围	4	1/4	1
	I	前、后腰围	4	1/4	1
袖子	L	袖长	1.5		1.5
	M	袖山高	1.5	1/3	0.5
	N	袖肘	1.5	1/2	0.75
	O	前、后袖围	4	1/4	1
	P	袖口宽	4	1/10	0.4
领子	Q	领长	1	1/2	0.5

4. 工业系列样板实例

主料工业系列样板（图 5-9）

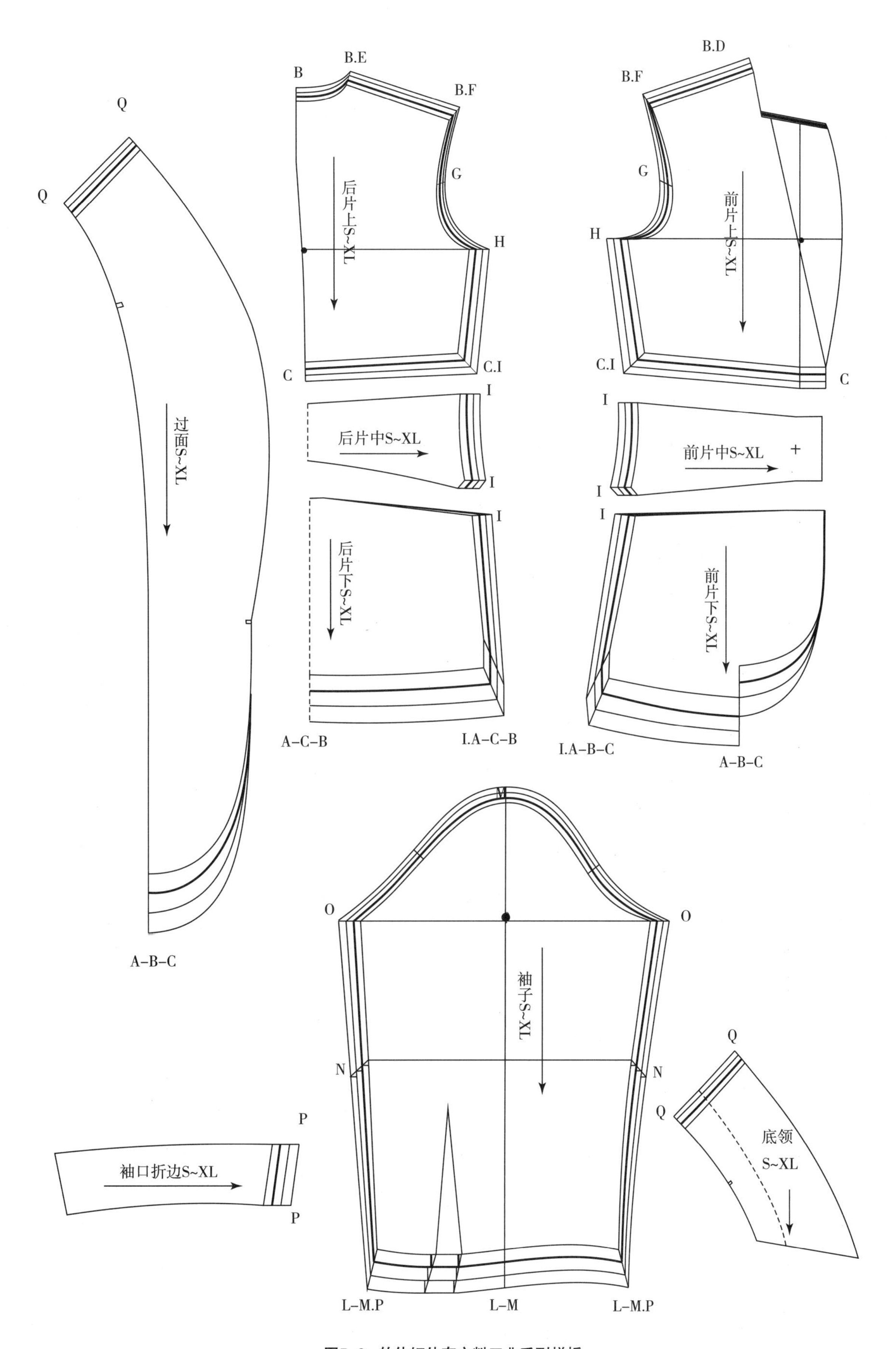

图5-9　软体短外套主料工业系列样板

衬里工业系列样板(图 5-10)

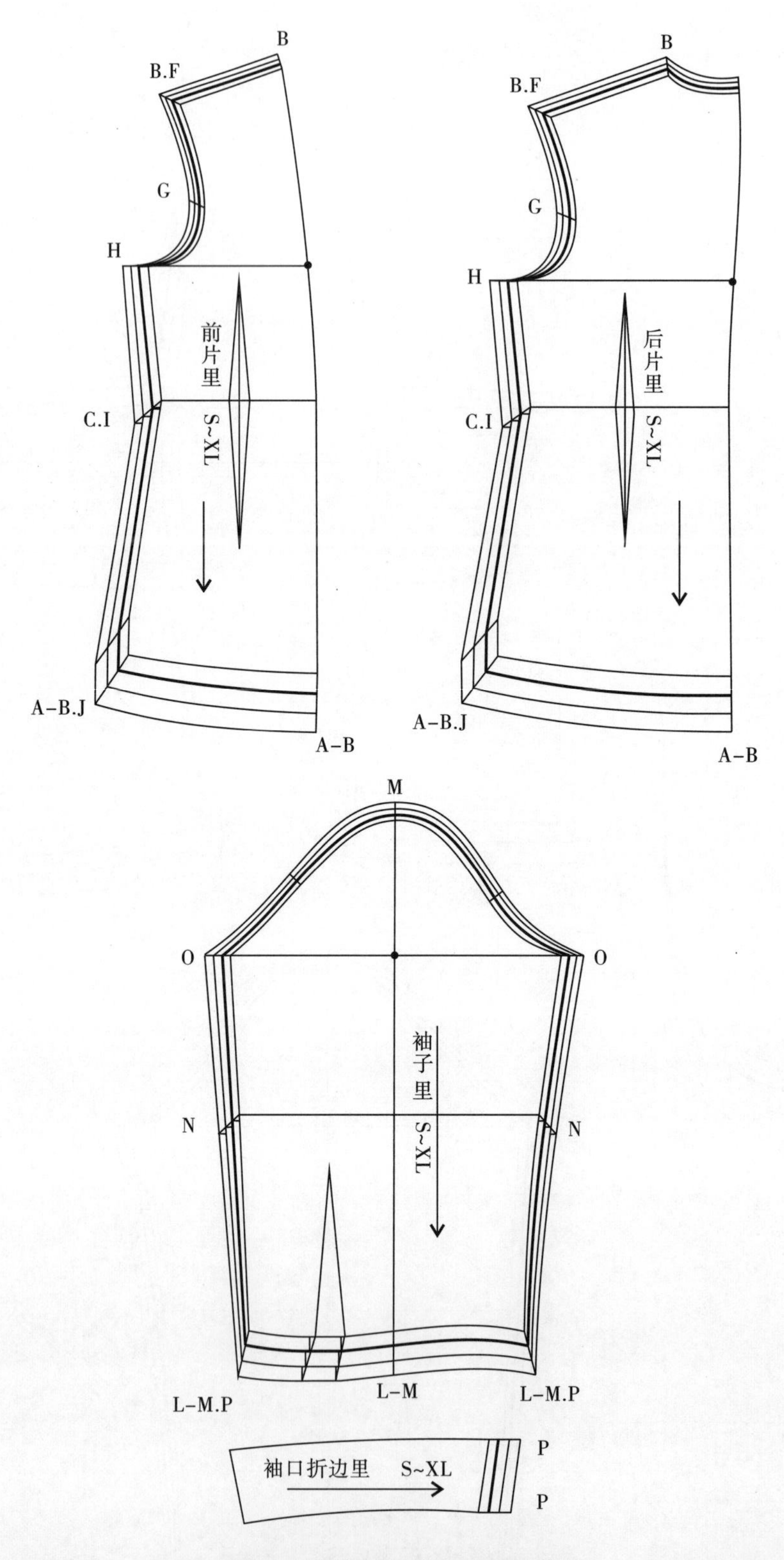

图5-10 软体短外套衬里工业系列样板

辅料:裁剪系列样板、工艺系列样板制版方法可参见主料制版,在此不作赘述。

五、排料图

根据订单所签号型将系列样板单排或混排然后记录排料结果为产品定价提供技术依据，并在面料或纸上绘制排料图，为裁剪工序提供操作技术标准。

1. 主料

M、L 型号套排用料：幅宽 140cm、段长 280cm（图 5-11）。

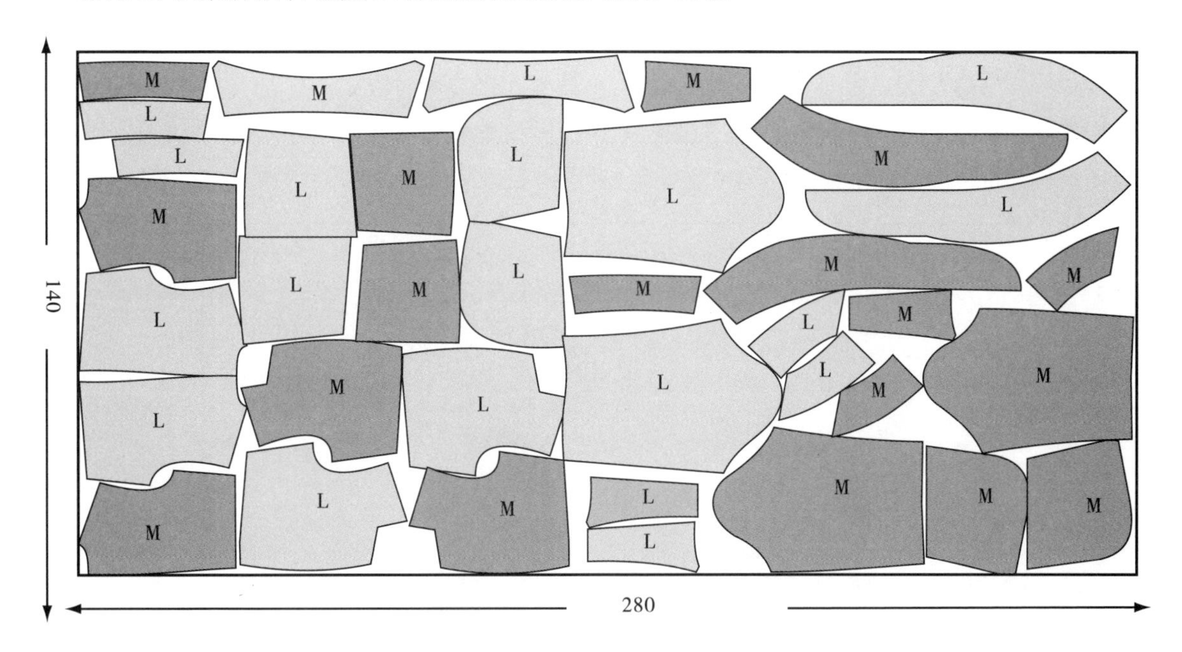

图5-11　软体短外套主料双号套排排料图

2. 衬里

M、L 型号套排用料：幅宽 140cm、段长 190cm（图 5-12）。

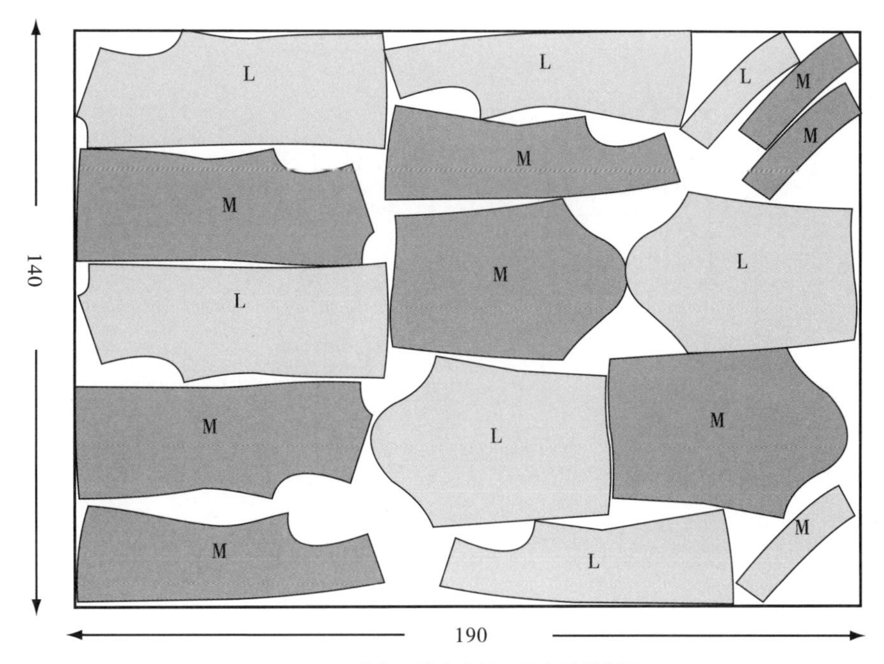

图5-12　软体短外套主料双号套排排料图

第二节　按服装效果图制版

服装效果图是设计师用于表达款式设计创意最为直接的语言形式，生动的画面效果、清晰明确的线条结构、丰富协调的色彩搭配，不论是款式设计创意、服装构成形式，还是面料选材、服饰搭配等等都能展现的尽善尽美。它可以不不循规蹈矩、不受程式化约束而特立独行，一切时尚元素都能转化为服饰语言得以再现，一幅装帧精美的服装效果图不仅是成衣设计生产可依据执行的技术标准，同时还是供人赏析的绘画作品（图 5-13）。

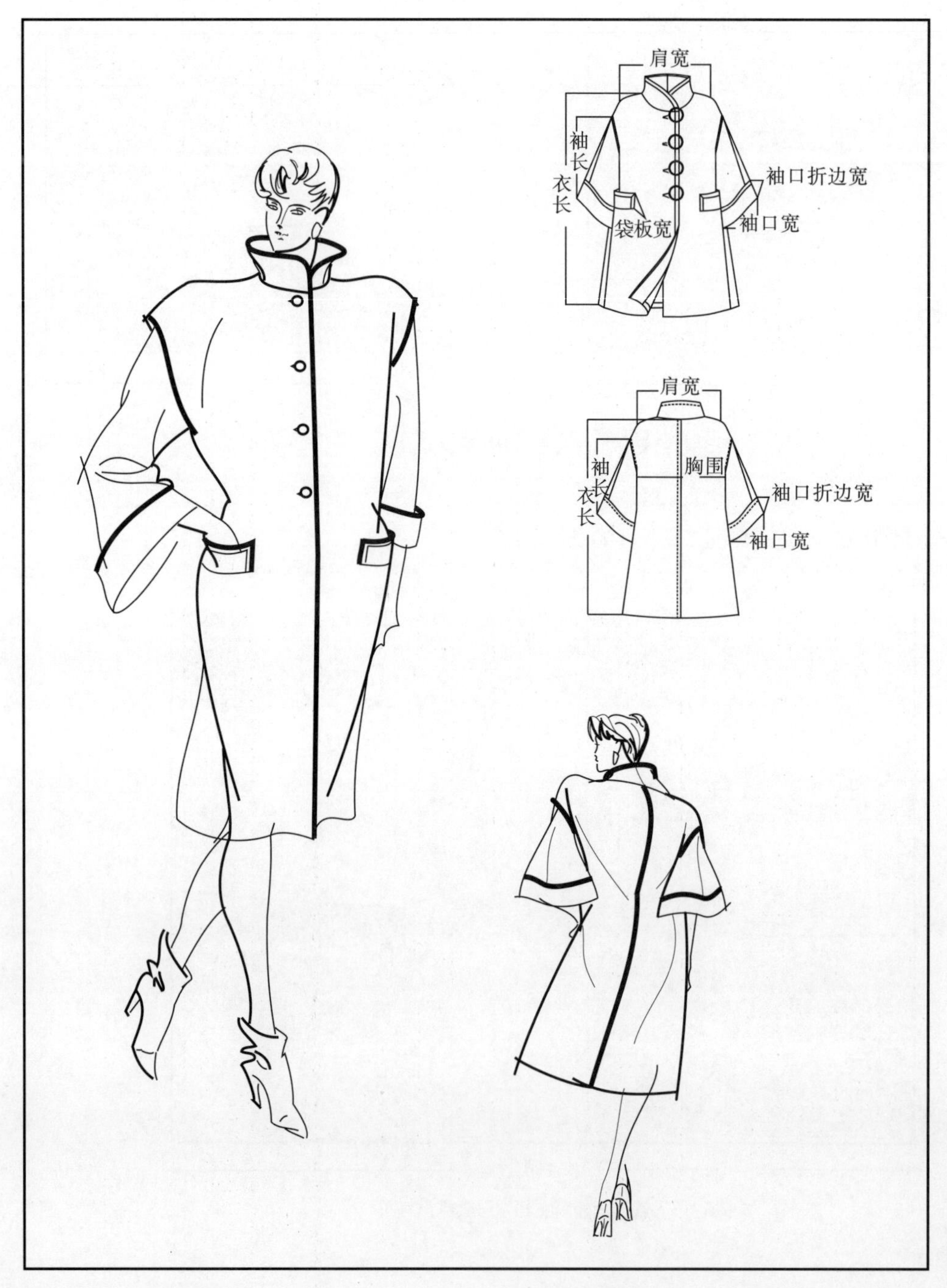

图5-13　羊绒外套效果图

根据服装效果图制版，通常适用于新产品开发、高档成衣定制、道具服装制作等成衣板型设计。板型结构设计是服装款式设计的延续，板型师不仅要准确领会效果图所传达的款式创意内涵，同时还要将款式创意元素与服装结构元素相结合，通过最适合的板型构成形式给予最完美的展现。

一、审核效果图

1. 确认服装款式

根据服装效果图（图 5-13）确认服装各相关部位的款式结构等各项技术指标，以生产示意图的形式给予说明，并以此作为确定服装板型结构的技术标准，例如：服装整体廓型、衣身结构、领型、口袋、门襟等等，填写产品试制通知书并按此执行（表 5-10）。

2. 确认服装材料

根据效果图提供面料素材确认面料、辅料的各项技术指标。包括面料（主料、衬里、口袋布）、辅料（黏合衬、缝纫线、拉链、纽扣、商标等）材质、克重、颜色、回缩率等物理属性（表 5-10）。

3. 设计成衣号型及规格

成衣号型规格是对服装款式所涉及相关部位的数据化概括形式，为板型设计提供必须的技术依据。通常根据效果图设计成衣规格不受订单、样衣等程式化标准限制，只要能够准确说明款式设计创意，准确表达服装造型比例关系，就可以进入产品试制环节，这一点为服装廓型创意提供了丰富的设计空间（表 5-10）。

表5-10　产品试制通知书（一）

<table>
<tr><td colspan="7">单位名称：</td><td>设计：</td></tr>
<tr><td colspan="7">产品名称：秋冬羊绒外套</td><td>审核：</td></tr>
<tr><td colspan="7">产品编号：</td><td>客户确认：</td></tr>
<tr><td colspan="8">产品号型规格：160/84A　5・4 系列</td></tr>
<tr><td rowspan="2">规格
部位</td><td>S</td><td>M</td><td>L</td><td>XL</td><td>XXL</td><td>XXXL</td><td rowspan="2">公差</td></tr>
<tr><td>155/80</td><td>160/84</td><td>165/88</td><td>170/92</td><td></td><td></td></tr>
<tr><td>衣　长</td><td>77</td><td>80</td><td>83</td><td>86</td><td></td><td></td><td>3</td></tr>
<tr><td>胸　围</td><td>100</td><td>104</td><td>108</td><td>112</td><td></td><td></td><td>4</td></tr>
<tr><td>背　长</td><td>37</td><td>38</td><td>39</td><td>40</td><td></td><td></td><td>1</td></tr>
<tr><td>袖　长</td><td>38.5</td><td>40</td><td>41.5</td><td>43</td><td></td><td></td><td>1.5</td></tr>
<tr><td>肩　宽</td><td>38</td><td>39</td><td>40</td><td>41</td><td></td><td></td><td>1</td></tr>
<tr><td>袖口宽</td><td>24</td><td>25</td><td>26</td><td>27</td><td></td><td></td><td>1</td></tr>
<tr><td>袖口折边</td><td>7</td><td>7</td><td>7</td><td>7</td><td></td><td></td><td></td></tr>
<tr><td>备　注</td><td colspan="7"></td></tr>
</table>

（续表）

缝制工艺要求：
1. 外套各部位符合羊绒外套成衣规格。
2. 外套成衣外观整洁、无污点、无线头、无褶皱等瑕疵。
3. 外套门襟、里襟止口部位顺直里面无反吐、长短一致，镶线宽 1cm、明线宽 0.1cm。
4. 外套袋板宽窄一致，袋口位置规格一致左右对称，袋口镶线宽 1cm、明线宽 0.1cm。
5. 外套领里、领面平伏止口无反吐，领面止口镶线宽 1cm、明线宽 0.1cm。
6. 外套后中缝左压右倒缝，镶线宽 1cm、明线宽 0.1cm。
7. 外套袖口折边倒缝，镶线宽 1cm、明线宽 0.1cm。
8. 外套成品熨烫平整无焦、无糊、无亮印迹。
材料说明：
1. 主料：面料黑色中厚羊绒大衣呢、衬里黑色纯丝提花美丽绸、镶线黑色皮革切条。
2. 辅料：有纺棉质本色粘合衬。
3. 缝纫线：平缝用黑色丝光精梳涤纶线，包缝用黑色普通棉质线。
4. 纽扣：大号黑色时装扣 4 粒、小号水晶背扣 4 粒。
5. 商标：丝质提字；洗标：丝质印字。
检验标准：
1. 确认外套款式是否与样衣相同。
2. 确认外套成品规格是否符合产品生产工艺的成衣规格。
3. 外套缝制工艺是否符合缝制工艺标准，外观是否平整、美观。
4. 外套面料织纹是否符合国家质检要求，条格、图案面料是否图案完整、左右对称。
5. 外套各部件面料外观是否存在染色造残、织纹造残。
6. 外套外观是否存在缝纫造残，包括线迹、线头、油污、烫迹等。
商标、包装说明：
1. 衬里后领中下 3cm。
2. 洗涤标缝订位置：衬里腰节线下 10cm。
3. 包装：挂式提袋包装。
备注：成衣规格以“cm”为单位。

二、板型结构设计

板型师根据服装款式效果图、生产示意图确认服装廓型，采用比例法或原型法绘制板型结构图。

1. 款式概述

该款式板型结构必须强调 A 字廓型结构特点。立领、四开身、连袖、袋板横开口袋、四粒扣，后中缝、门襟止口、袖口折边、袋板止口镶皮线（宽 1cm）。主料：羊绒中厚大衣呢，衬里：真丝提花美丽绸，镶线：皮革切条。

2. 板型结构分析

衣身板型：

根据宽松 A 字型外套板型结构的特点胸围加放松量 20cm，其中原型基础松量 12cm、追加松量

8cm。采用原型法制版，以原型为基础分解腋下省 /2 与前腰省组合、转移后肩省与后腰省组合确认 A 字型应用原型（图 5–14）。然后，在此基础上按照放量采寸原则（1:1:1:1）追加松量值，由此得出：后侧缝、前侧缝、前中线、后中线追加松量各 1cm，袖窿开度 1cm，前后领口宽各追加 1cm。最后按照服装效果图完成其他部位板型结构设计并绘制板型结构图（图 5–15，图 5–16）。

袖子板型：

该款袖型属肩袖组合的连袖板型结构，确认肩点为袖顶点设计连袖板型结构，目的是在人体结构基础上建立板型结构使得身袖结构更加合体。

立领板型：

该款领型受着装状态影响领子与颈部必须留有相对空间量。衣身胸围追加松量值前后中缝各追加 1cm，由此得出：前后领口宽以应用原型为基础各追加 1cm、后领深追加 1cm、前领深追加 4cm，驳口线倒伏 20° 以满足立领款式设计要求。

3. 板型结构图

A 型应用原型（图 5–14）

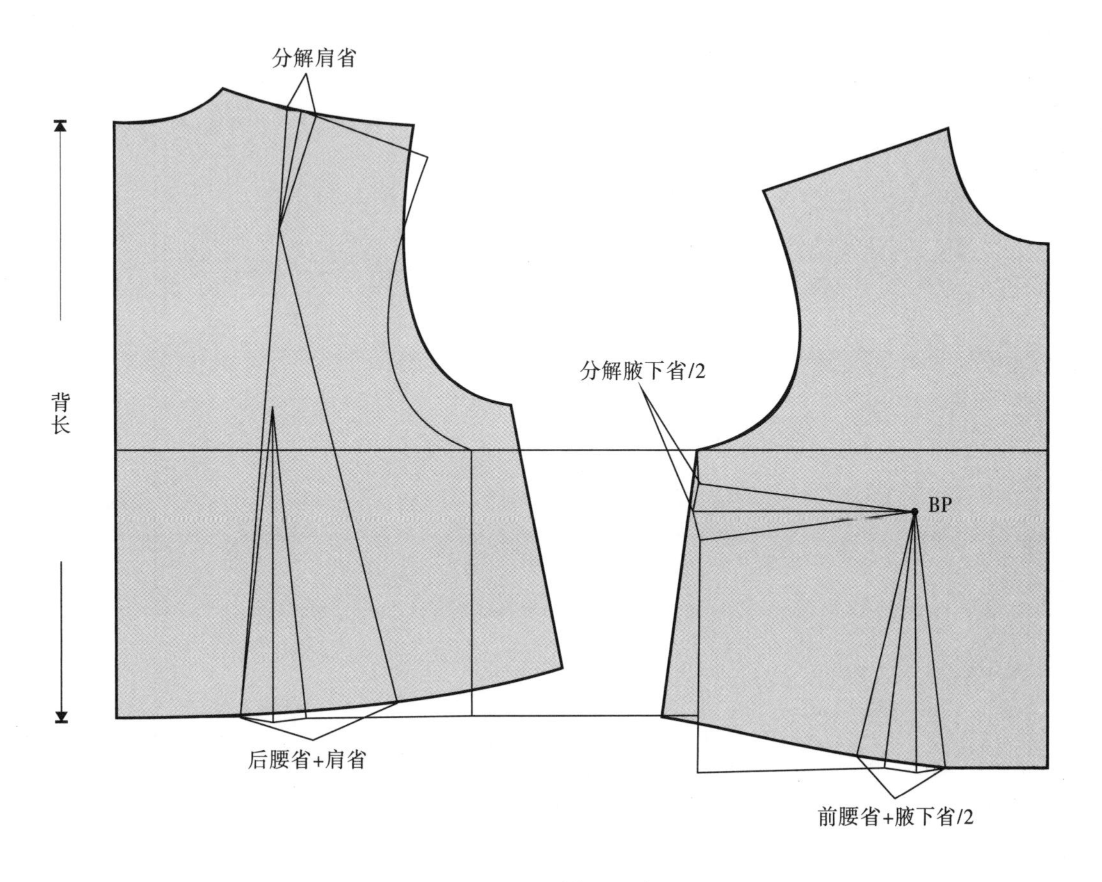

图5–14　A型应用原型

前身、袖(图 5-15)

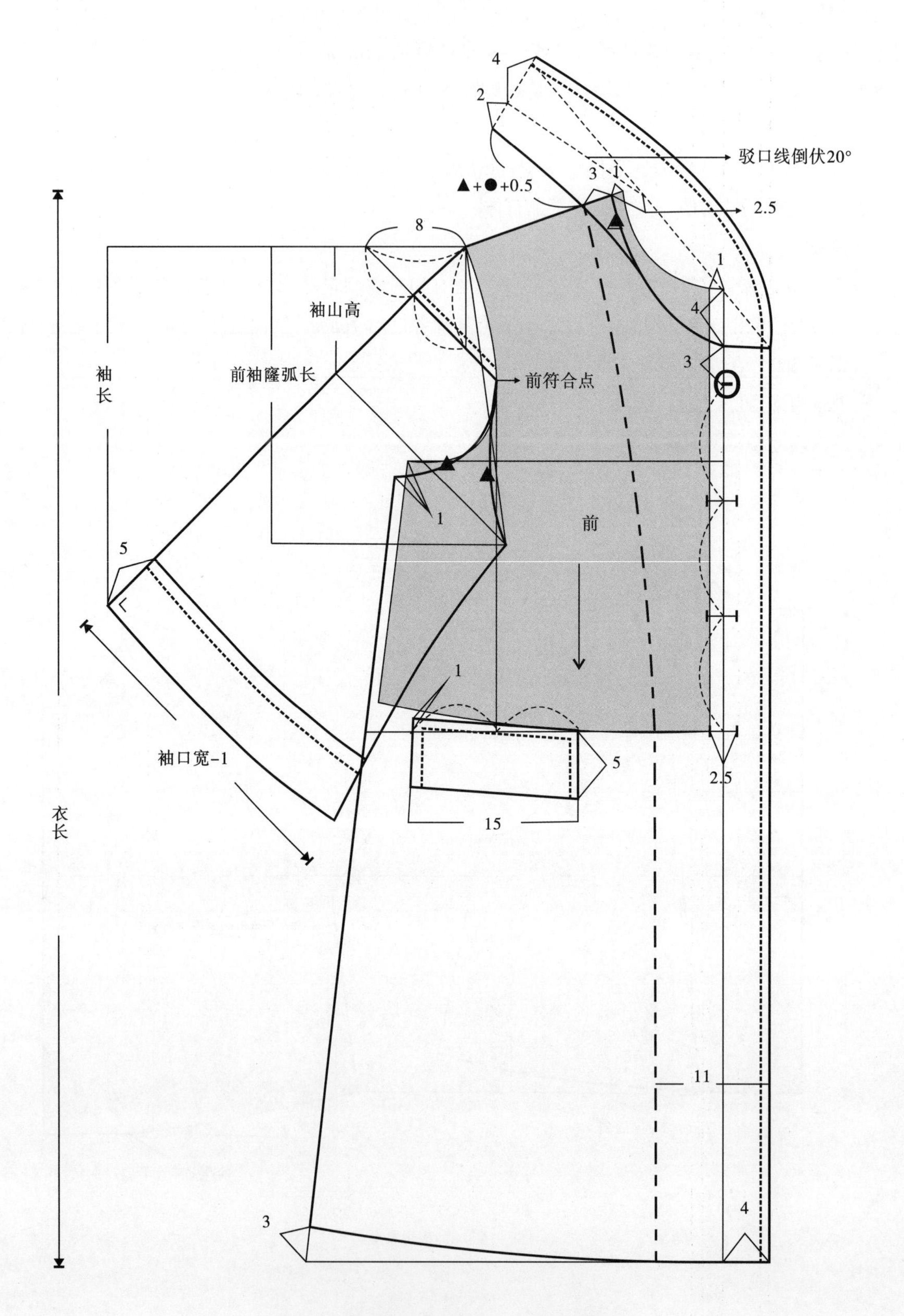

图5-15 秋冬羊绒外套前身、袖板型结构图

后身、袖(图 5-16)

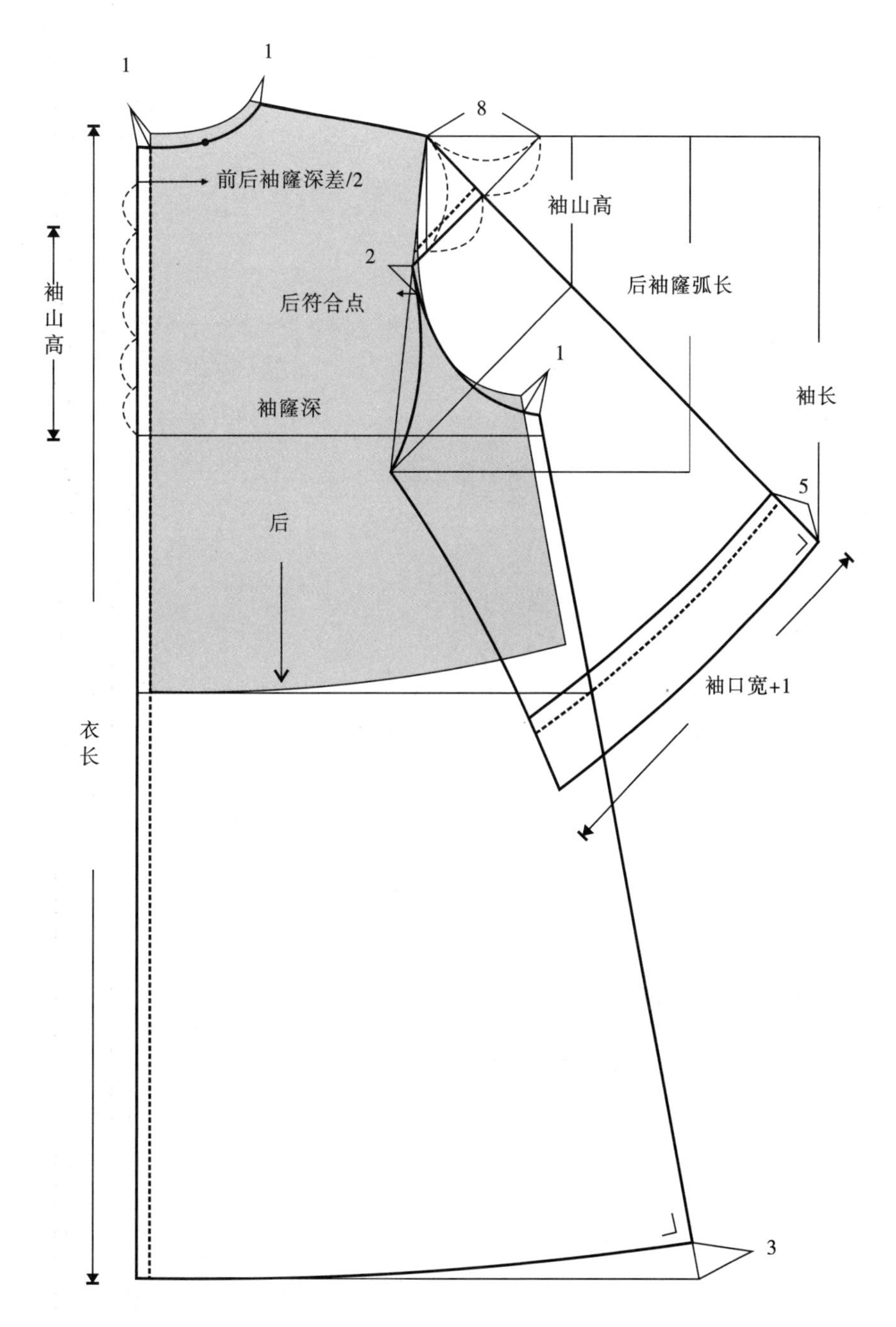

图5-16　秋冬羊绒外套后身、袖板型结构图

三、试制样衣、制作工业系列样板

制作工业系列样板以 M 号为母板号型，成衣规格见表 5-11。

表5-11 号型160/84A 5·4系列

部位 \ 号型	S	M	L	XL	公差
	155/80A	160/84A	165/88A	170/92A	
衣 长	77	80	83	86	3
胸 围	100	104	108	112	4
肩 宽	38	39	40	41	1
背 长	38	39	40	41	1
袖 长	38.5	40	41.5	43	1.5
袖口宽	24	24	25	25	1
袖口折边宽	5	5	5	5	
备 注	成衣规格数据含回缩值，以"cm"为单位				

（一）制作母板

1. 主料、衬里、辅料部件缝份、折边及裁片统计

缝份：前后领口弧线、前后袖窿弧线、袖山弧线、袖口折边、前后肩缝、前后袖缝、前后外侧缝、止口、过面、领面、领里 1.5cm，后中缝 2cm。

折边：主料下摆折边 4cm，衬里下摆折边 3cm。

裁片统计（表 5-12）。

表5-12 裁片统计

单位：片

部件名称	前片	后片	袖片	袖口	领面	领里	过面	袋板
主 料	2	2	4	2	1	2	2	4
衬 里	2	2	4					
辅料衬				2	1	2	2	2

2. 主料母板(图 5-17)

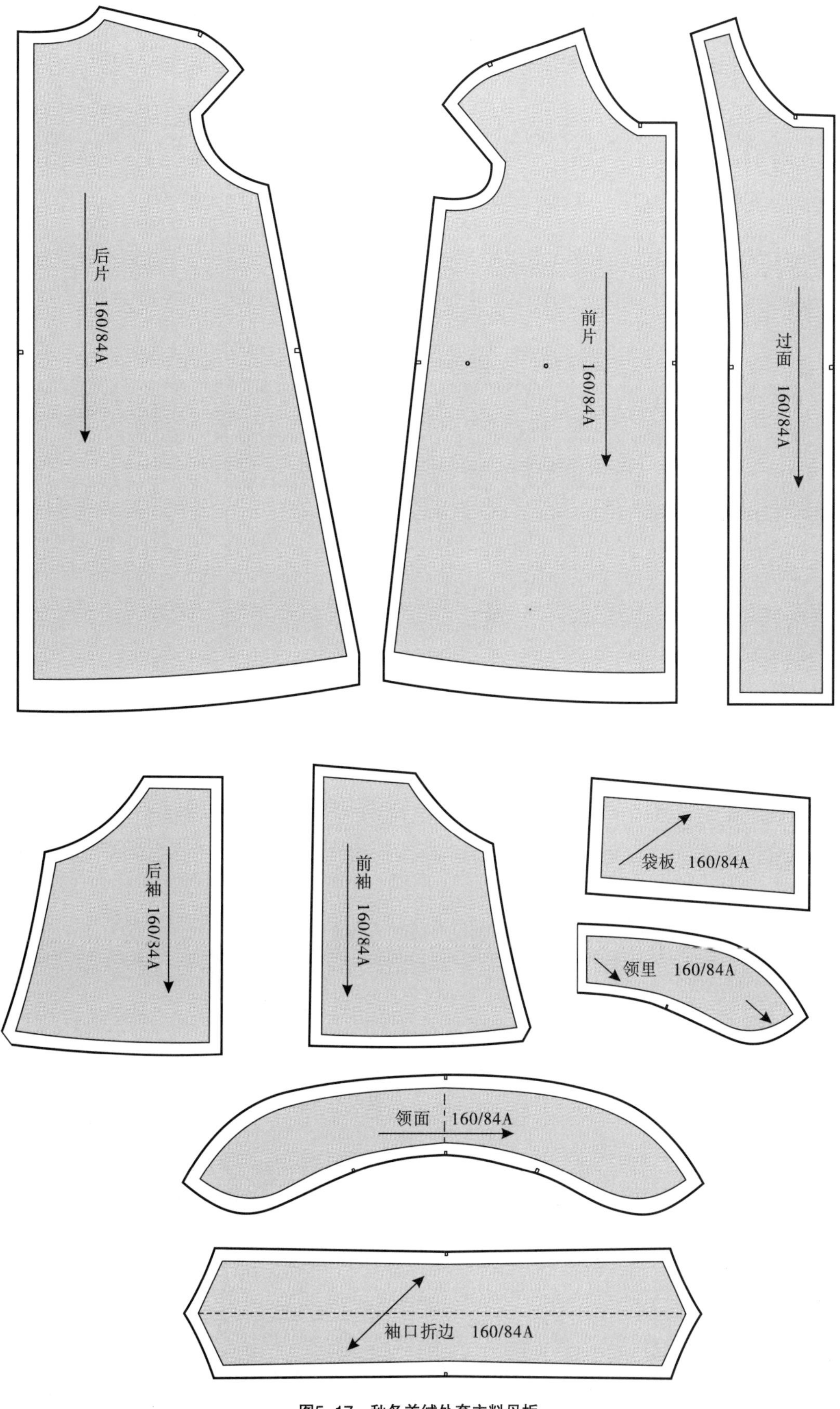

图5-17　秋冬羊绒外套主料母板

3. 衬里母板（图 5-18）

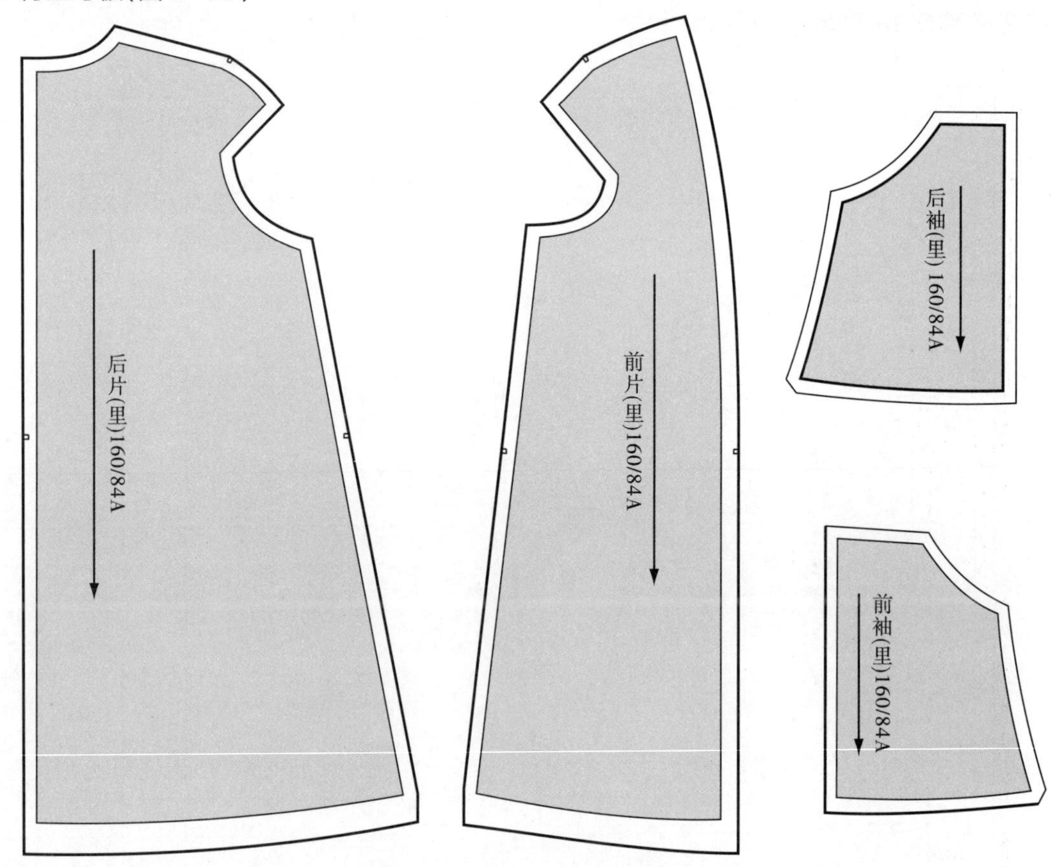

图5-18　秋冬羊绒外套衬里母板

4. 辅料样板

衬布裁剪样板（图 5-19）

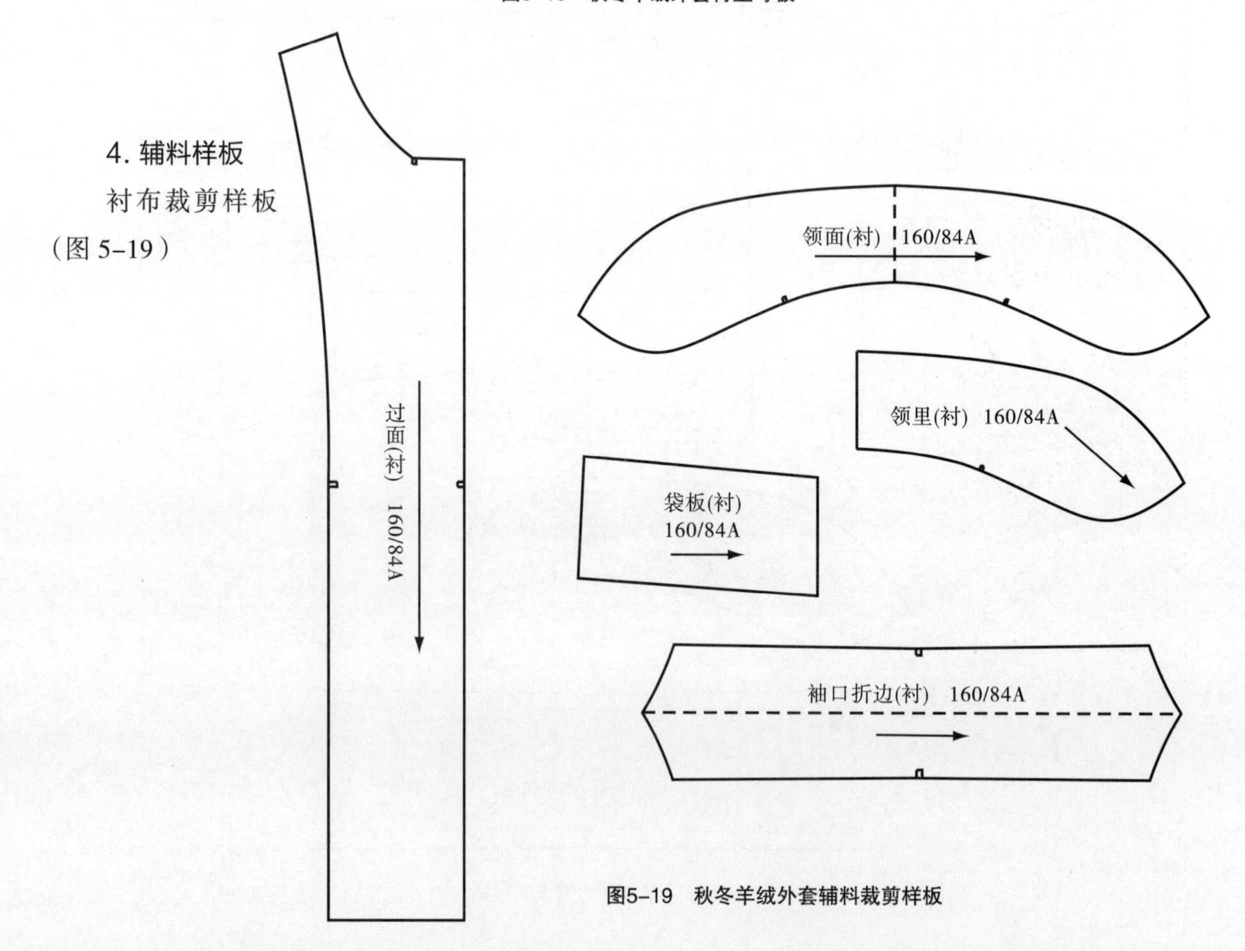

图5-19　秋冬羊绒外套辅料裁剪样板

工艺样板(图 5-20)

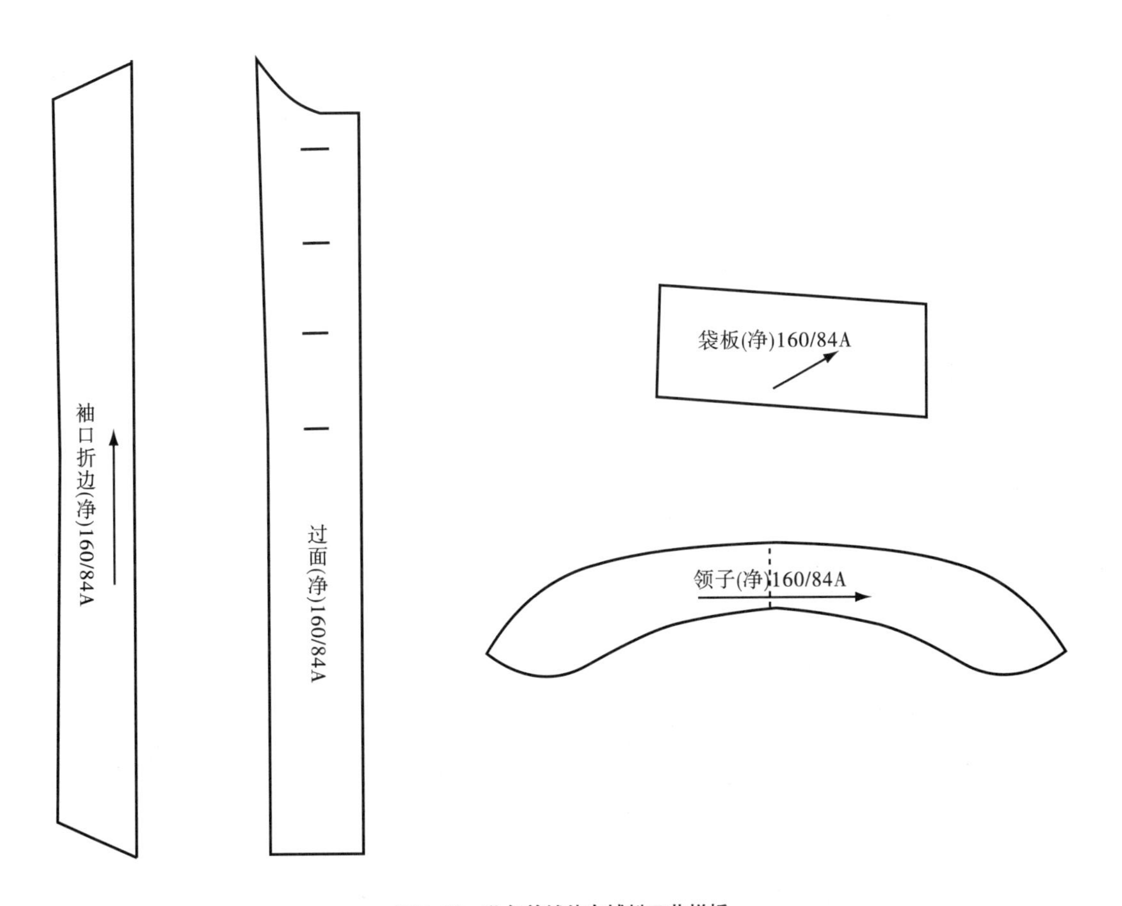

图5-20　秋冬羊绒外套辅料工艺样板

(二)工业系列样板

1. 档差值

根据秋冬羊绒外套成衣规格确定工业系列样板推板档差数值(表 5-13)。

表5-13　成衣各部位推板档差数值

单位：cm

部　位	档差值	推板档差数值
衣　长	3	各号型衣长之间的差数 3
背　长	1	各号型背长之间的差数 1
胸　围	4	各号型胸围之间的差数 4
肩　宽	1	各号型肩宽之间的差数 1
袖　长	1.5	各号型袖长之间的差数 1.5
袖口宽	0.5	各号型袖口之间的差数 0.5

2. 基准线

根据秋冬羊绒外套板型结构图确定母板纵横坐标线(表 5-14)。

表5-14 母板基准线

部 位	纵坐标	横坐标
前 片	前中线(搭门线)	胸围线(袖窿深线)
后 片	后中线	胸围线(袖窿深线)
袖 子	袖中线	袖山深线
领 子	后中线	驳口线
袖头折边	袖中线	放长不放宽

3. 推档数值

根据母板确定各推档部位,按分配比例计算各部位推档数值(表 5-15)。

表5-15 母板各部位推档数值

单位:cm

名称	标记点	推档部位	规格档差	分配比例	推档数值
衣身	A	衣长	3		3
	B	袖窿深	4	1/6	0.67
	C	背长	1		1
	D	前领口宽	1	1/5	0.2
	E	后领口宽	1	1/5	0.2
	F	前、后肩宽	1	1/2	0.5
	G	胸、背宽	1	1/2	0.5
	H	前、后胸围	4	1/4	1
	I	前、后臀围	4	1/4	1
袖子	J	袖长	1.5		1.5
	K	袖山高	1.5	1/3	0.5
	L	前、后袖围	4	1/4	1
	M	袖口宽	4	1/2	0.5
领子	N	领长	1	1/2	0.5

4. 工业系列样板实例

主料工业系列样板(图 5-21)。

衬里、辅料:工业系列样板制版方法可参见主料制版,在此不作赘述。

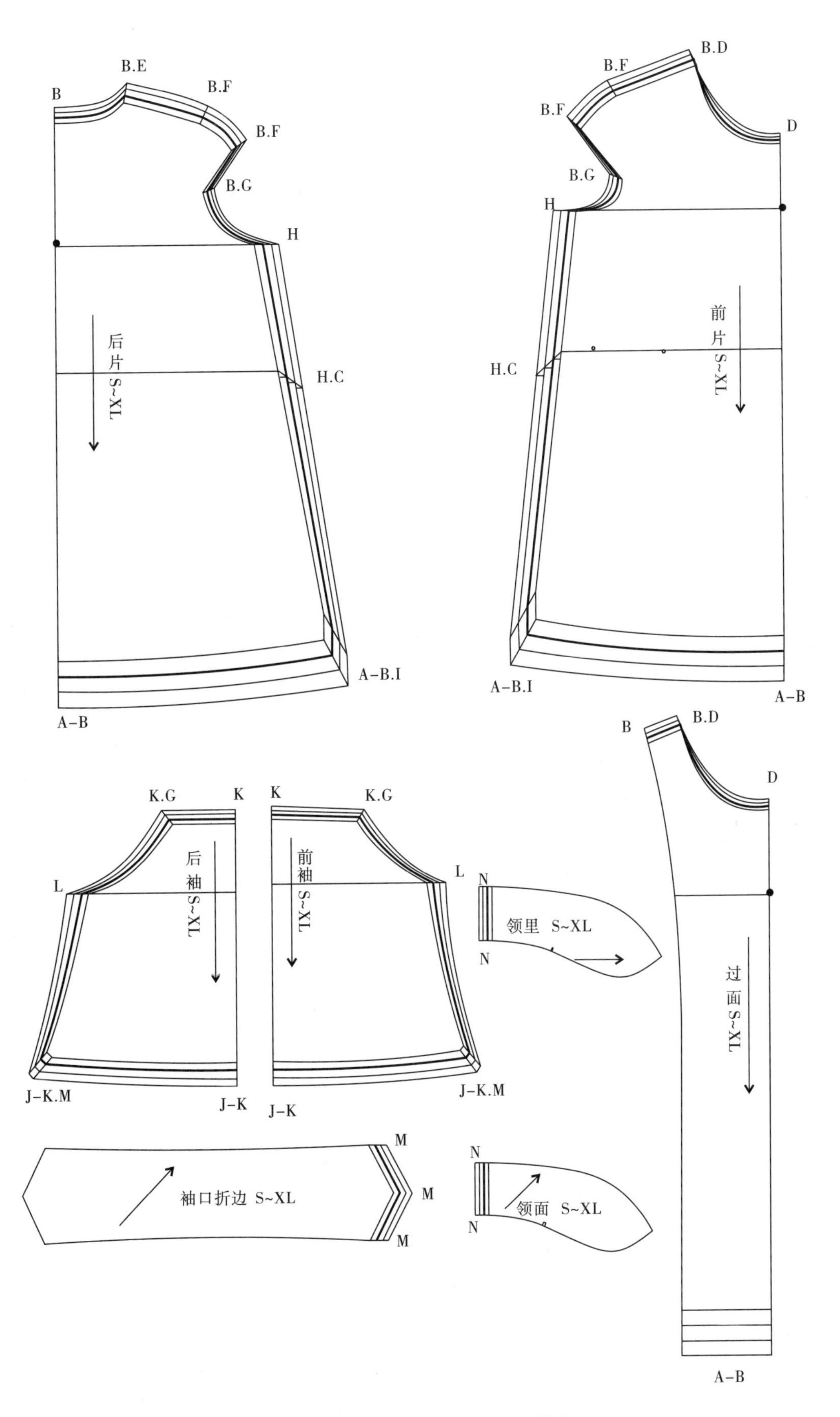

图5-21　秋冬羊绒外套主料工业系列样板

四、排料图

根据产品号型将系列样板单号排板或混号排板，然后记录排料结果为产品定价提供技术依据，并绘制排料图为裁剪工序提供操作技术标准。

下面以 M、L 号混号排料为应用实例绘制主料、衬里的排料图。

1. 主料

M、L 型号套排用料：幅宽 140cm、段长 350cm（图 5-22）。

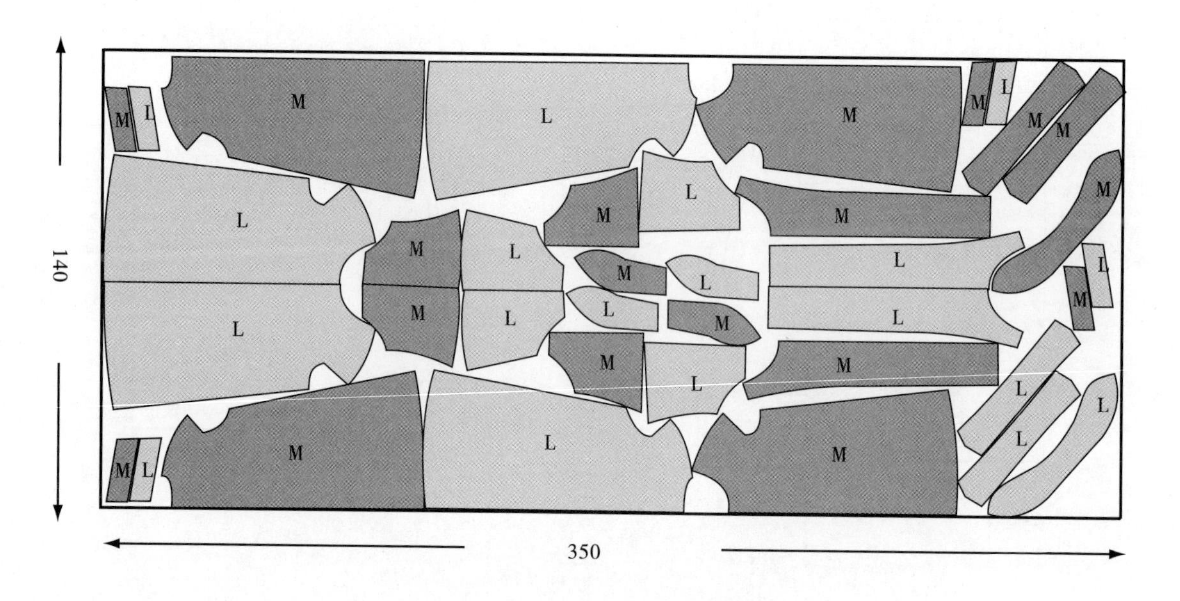

图5-22　M、L型号秋冬羊绒外套主料排料图

2. 衬里

M、L 号套排用料：幅宽 140cm、段长 230cm（图 5-23）。

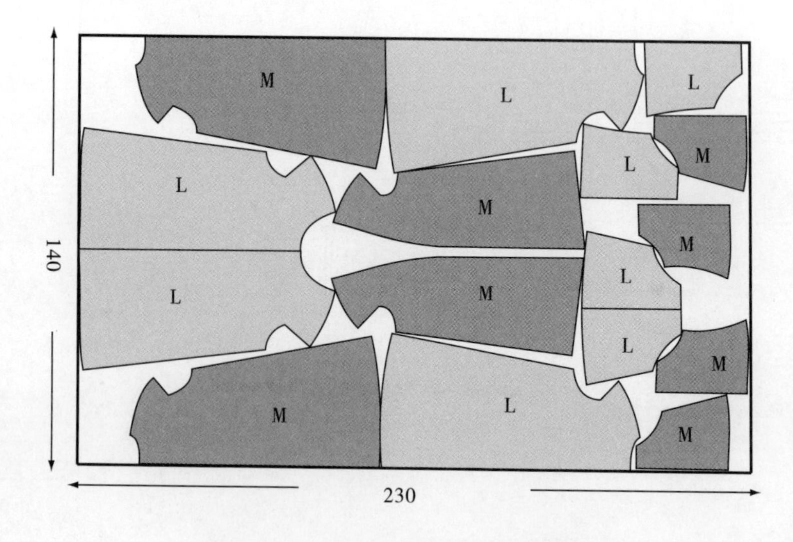

图5-23　M、L型号秋冬羊绒外套衬里排料图

思考题：

1. 叙述成衣板型设计程序、设计内容。
2. 简述购销合同所包括哪些内容？
3. 按照样衣、订单进行女装外套成衣板型设计程序。
4. 按照服装效果图进行女装外套成衣板型设计程序。

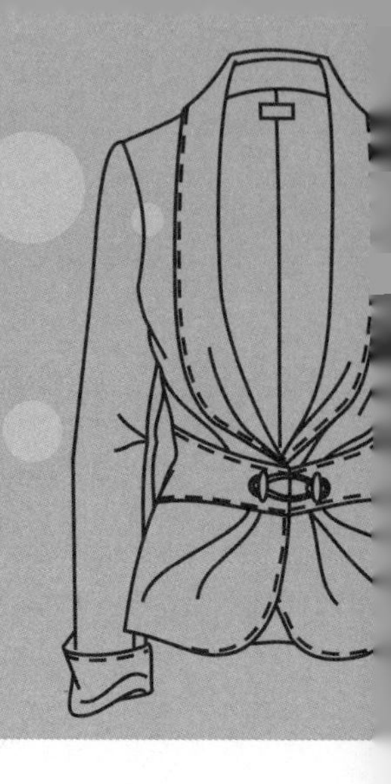

第六章 外套样衣试制与工艺设计

第一节 样衣试制目的与要求

样衣试制是板型设计的重要环节，它既是样衣缝制程序的规范过程，同时又是成衣板型设计的验证过程，成衣板型、面料、缝制工艺等设计方案正确与否通过样衣试制便可逐一确认。另外，成衣的缝制工艺水平也是成衣产品定价的重要标志，“高品质高价位”决定服装品牌等级是当下服装商品市场不争的事实。

一、样衣试制目的

1. 确认样衣板型、规格是否符合成衣设计要求。
2. 确认样衣缝制工艺是否符合服装设计要求。
3. 确认样衣构成材料是否符合服装设计要求。

二、样衣试制要求

1. 生产模式

成衣生产模式的不同对于试制样衣的要求各有区别。属于“按照样衣加工型样衣试制”必须以样品为标准复制样衣，属于“订制型样衣试制”必须符合客户要求，属于“设计型样衣试制”必须符合服装设计创意。

2. 缝制工艺

试制样衣必须按照服装设计方案严格实施，缝制工艺设计达到优化确保板型设计复样效果，为缝制工艺设计程序准备第一手资料。

3. 样衣面料

样衣面料根据成衣生产模式的不同选料方式各有区别。属于“批量生产型”样衣面料必须符合大货用料要求且保证大货供料，属“订制型”样衣面料必须满足客户要求，属于“设计型”样衣面料必须符合服装设计创意且保证材料源。

4. 缝制技术

样衣缝制工艺程序必须以样衣缝制工艺设计为前提，保证缝制工艺设备技术先进、缝制工艺操作技术娴熟、缝制工艺工序顺畅，在保证产品质量的前提下降低物、料、工等单项生产成本，提高产品定价的竞争力。

第二节　外套样衣试制

以秋冬羊绒外套的样衣试制为应用实例，样衣试制通知单参见第五章的表5–9。

一、样衣试制程序

产品进入试制程序，首先对相关的技术指标必须给予确认，包括款式、成衣号型规格、缝制工艺要求、材料、商标、包装等，填写样衣试制通知单以示说明。

1. 选料

主料：纯黑羊绒粗纺毛织物

衬里：中厚纯丝提花里子绸，颜色与主料色号相同。

衬布：有纺中厚黏合衬，本色。

镶线：纯黑皮革切条

缝纫线：丝光精梳涤纶线，色号与主料色号相同。

2. 面料整理及裁片

（1）主料

a. 整理：根据粗纺纯毛织物预热回缩变形的特点，将面料进行喷雾、整烫、整理测试回缩率。经过整烫后的面料自然风干定型确定经纬纱向。主料裁片：前后衣身2片、前后袖4片、过面2片、领面1片、领里2片、袋板4片、袖口折边2片。

b. 排板：面料按幅宽方向对折、平铺，将试制样衣主料部件样板根据裁片的布纹方向进行单号排板、画样、裁剪。幅宽：140cm、段长：180cm（图6–1）。

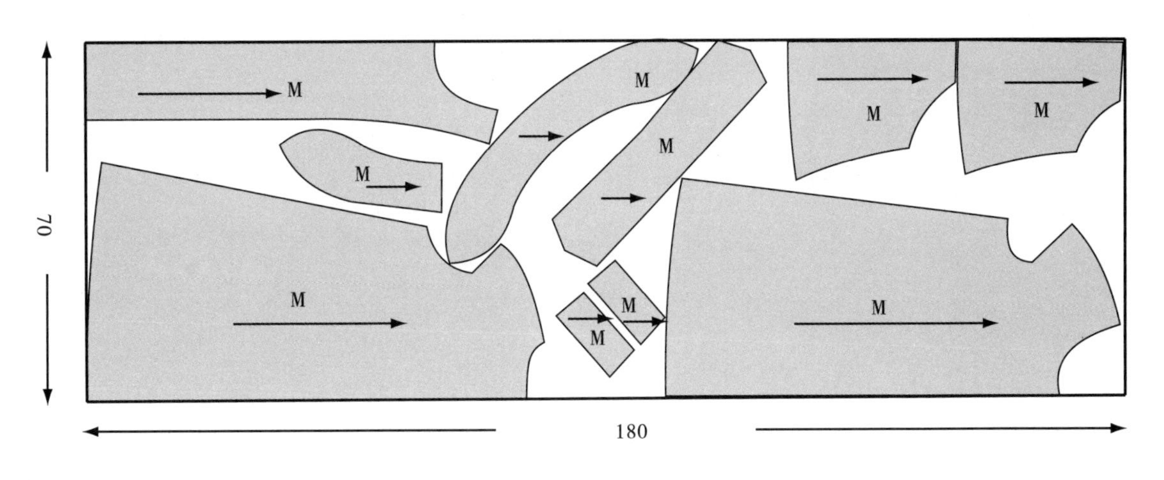

图6–1　主料单号型排料图

（2）衬里

a. 整理：根据纯丝织物预湿回缩变形的特点，将面料进行喷雾烫缩，熨斗温度、湿度适中，整烫后无需风干直接使用。里料裁片：前后衣身 2 片、前后袖 2 片、口袋布 2 片。

b. 排板：面料按幅宽方向对折、平铺，将试制样衣部件衬里样板根据裁片布纹方向进行单号排板、画样、裁剪。幅宽：140cm、段长：130cm（图 6-2）。

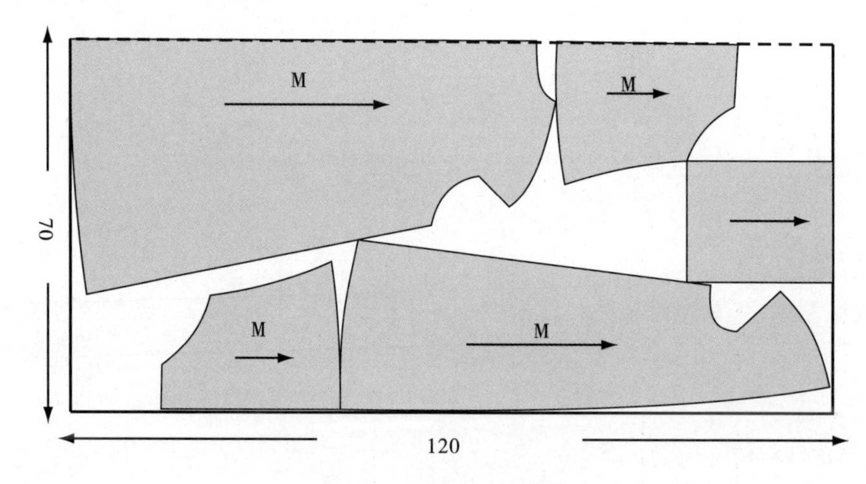

图6-2 衬里单号型排料图

（3）衬布

a. 整理：根据主料所需粘衬部位按照布纹方向排版。衬布裁片：过面 2 片、领里 2 片、领面 1 片、袋板 2 片、袖口折边 2 片。

b. 排板：方法与主料相同，在此不作赘述。

3. 样衣缝制程序

黏衬布、黏纤条——画标记——打线钉——缝合后中缝（里、面）——缝合过面——缝合袖中缝（里、面）——作袋板口袋——缝合肩缝（里、面）——缝合袖口折边——绱袖子——缝合侧缝（里、面）——勾缝门襟、止口——勾缝领子——上领子——勾缝下摆、袖口——锁眼、钉扣——检验——整烫、定型（图 6-3）。

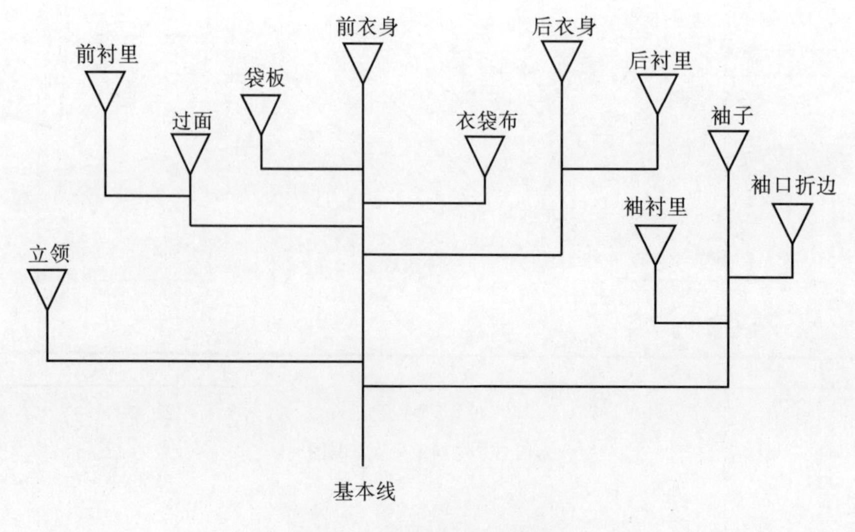

图6-3 外套缝制程序编制图

二、样衣确认

成品样衣经过试样后经第三方（客户、核审员）确认便可封样存档，作为签约、设计、生产、检验等技术标准。在成衣生产过程中，生产流程的每一道工序必须以封样样衣为实物标准，任何人不得擅自修改并建立使用管理制度（表 6–1）。

样衣确认后编制样衣缝制工艺流程和制作工业系列样板而后进行小批量的试投产，对于各生产环节出现的问题及时修正完善，以保证大货生产的顺利进行。

表6–1　样衣封样单

封样单位		产品名称		产品型号	
原　　料		合约号		客户名称	
存在问题：					
改进措施：					

封样负责人：　　　　封样人：　　　　日期：　　　年　　月　　日

三、样衣投产的技术要求

样衣确认正式投入生产必须针对相关的技术标准给予文字说明，明确产品的类型、材料、工艺等各项技术指标，例如：板型类别（裁剪样板、工艺样板）、材料（主料、衬里、衬布）、缝制工要求（缝纫用线、针迹密度）、整烫温度、商标、包装，等等。

（一）缝纫用线、线迹的要求

1. 针迹：主料平缝机针迹密度 9 ～ 10 针 /2cm。

衬里平缝机针迹密度 10 ～ 11 针 /2cm，包缝机针迹密度 7 ～ 8 针 /cm。

2. 线迹：平缝机采用精梳涤纶线，颜色与面料色号相同，线迹均匀有弹性和韧度。

包缝机采用普通棉质线，颜色与面料色号相同，线迹均匀有弹性。

（二）部件缝纫技术要求

1. 外套各部位符合羊绒外套成衣规格。

2. 外套成衣外观整洁、无污点、无线头、无褶皱等瑕疵。

3. 外套门襟、里襟止口部位顺直里面无反吐、长短一致，镶线宽 1cm、明线宽 0.1cm。

4. 外套袋板的宽窄一致，袋口位置规格一致左右对称，袋口镶线宽 1cm、明线宽 0.1cm。

5. 外套领里、领面平伏止口无反吐，领面止口镶线宽 1cm、明线宽 0.1cm。

6. 外套后中缝处左压右倒缝，镶线宽 1cm、明线宽 0.1cm.

7. 外套袖窿处身压袖倒缝，明线宽 0.1cm，袖口折边镶线宽 1cm、明线宽 0.1cm。

8. 外套成品熨烫平整无焦、无糊、无亮印迹。

（三）商标、包装要求

1. 商标：衬里后领中下 3cm。

2. 洗涤标：衬里腰节线下 10cm。

3. 包装形式：挂式提袋包装。

四、样衣检验标准

成衣检验标准是针对该产品的结构、规格、质量的检验方法所作出的一系列技术规定，它是服装产品生产、检验、验收、洽谈贸易的技术依据。针对某一类型服装产品检验标准而言都有相关的部颁标准，具体内容包括款式、规格、质量、包装等等，可参见相关资料在此不作赘述。

1. 确认外套款式是否与样衣相同。

2. 确认外套成品规格是否符合产品生产工艺的成衣规格。

3. 外套缝制工艺是否与缝制工艺流程一致，外观是否平整、美观符合国家相关检验标准。

4. 外套面料织纹是否符合国家质检标准，条格、图案面料是否图案完整、左右对称。

5. 外套各部件面料外观是否存在染色残疵、织纹残疵，参见国家色度检验标准。

6. 外套外观是否存在缝纫残疵，包括线迹、线头、油污、烫迹等。

第三节　外套缝制工艺程序设计

缝制工艺程序即缝纫工序，样衣试制完成必须要经过第三方检验、确认是否符合产品设计方案，包括款式、板型、缝制工艺，经过确认投产的成衣产品对于缝制工艺要特别做出计划、排序，并制订生产环节可执行的技术标准，即服装工艺程序设计。工艺师设计缝制工艺，除去要参照原有相似产品的工艺程序以外，还要针对本次样衣制作的缝制工艺进行分析、设计，制订出最适合该款式创意特点的缝制工艺流程，在保证产品质量的前提下提升产品的生产流速降低生产成本，提高产品的竞争力。

一、外套缝制工艺

缝制工艺设计是服装设计范畴的重要组成部分，设计过程就是对板型设计方案的完善过程。缝制工艺是指成衣各部件所采用的缝制方法，其中包括缝纫工种和辅助工种。工艺师在试制过程中，样衣缝制部件所采用的缝制设备和缝型必须要符合款式设计的主题，所设计的工艺缝型对于款式创意应该具有烘托作用。成衣缝制全过程所采用的工艺手段要有序梳理、准确记录，为设计缝制工序流程提供依据。外套缝制工艺涵盖了所有服装制作工艺技术和技巧，制作难度和熟练程度对工人技能的要求很高。秋冬羊绒外套的缝制部件和线迹、缝型见表6-2和表6-3。

表6-2　外套缝制部件及缝型

线　迹	缝　制　部　件
平缝合缝	后中线(里、面)、袖中线(里、面)、过面(衬里)、肩缝(里、面)、袋板口袋、领子、止口、袖口折边、绱袖、身袖侧缝、勾袖口、勾下摆、订洗标
单针平缝缉缝	袖窿明线(面)、领里止口明线、门襟里止口明线、订商标
双针平缝缉缝	门襟、袋板、领面、袖口折边、后中缝镶线明线
三线包缝	口袋布包缝
圆头锁眼	锁眼
手针缝	钉扣

表6-3 外套缝制部件缝型示意图

单位名称		设　计	
产品名称	秋冬羊绒外套	审　核	
产品编号		客户确认	
产品号型规格：160/84A			

效果图：

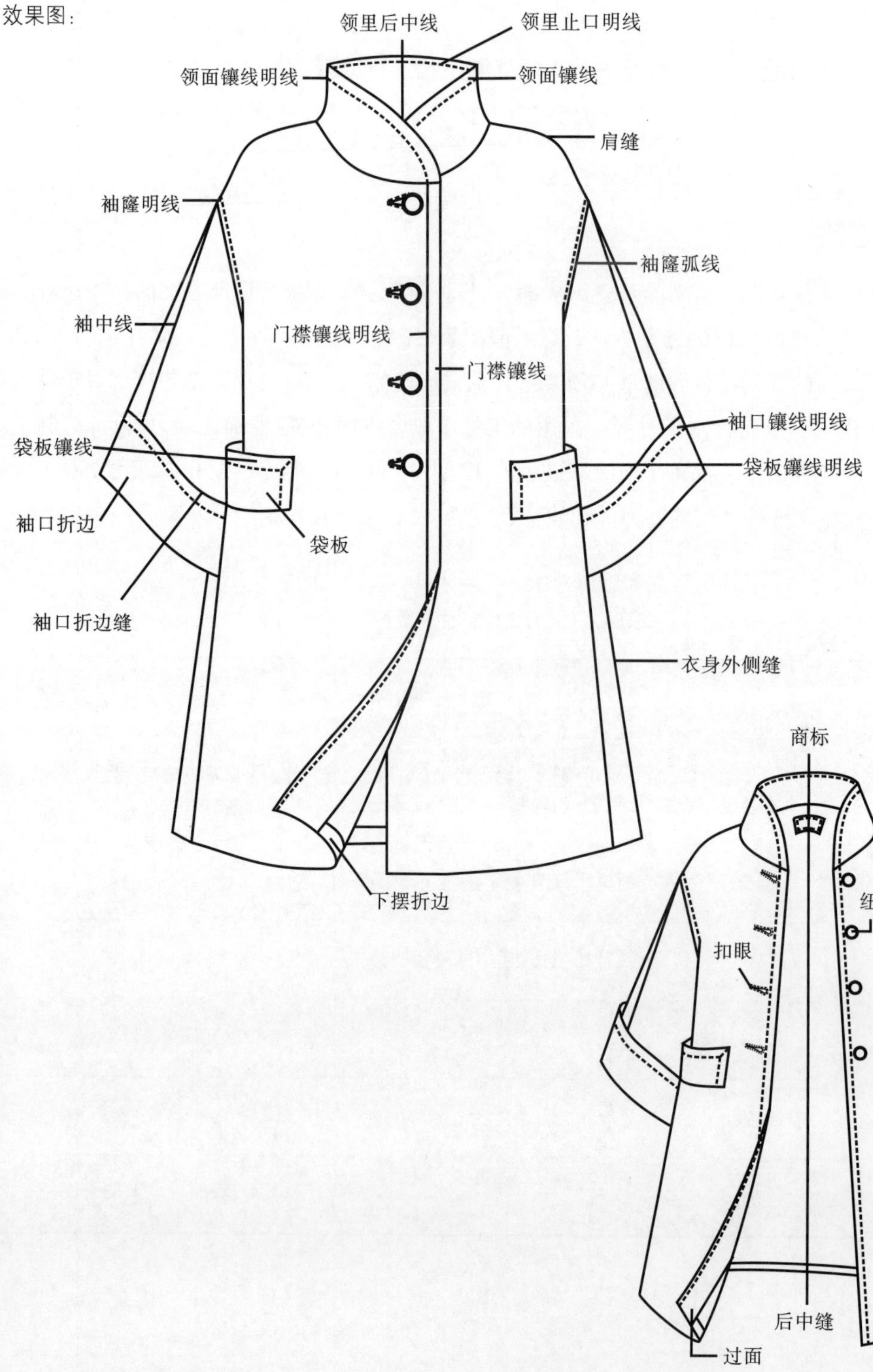

领里后中线
领里止口明线
领面镶线明线
领面镶线
肩缝
袖窿明线
袖窿弧线
袖中线
门襟镶线明线
门襟镶线
袖口镶线明线
袋板镶线
袋板镶线明线
袖口折边
袋板
袖口折边缝
衣身外侧缝
下摆折边
商标
纽扣
扣眼
后中缝
过面

二、外套缝制工艺程序分析

为了确保服装产品生产流程有序的进行，服装在制作过程中需制定一系列缝纫工序并加以控制，即缝制工艺程序设计。工艺师设计缝制工艺程序，其目的就是对每一缝纫工序的操作要领都要做出明确的规定，为生产流程制定法则。缝制工艺程序是以试制样衣为基础，经过整合后编排出能够规范成衣生产流程顺序和配备车工工种以及使用工艺设备种类的技术标准，缝制工艺程序设计必须以保证生产顺畅有序为前提。

【应用实例】秋冬羊绒外套缝纫工艺程序设计（表 6-4）。

表6-4 秋冬羊绒外套缝纫工艺程序分析

产品名称：	技术号：	编号：	
工序标识：	○平缝机	●专用机	△案工
标识	缝制工序	注意事项	标识
1	整理裁片主、辅料	数字准确	△
2	黏衬布	主料裁片背面黏衬，包括：过面、领里、领面、袋板面、袖口折边	△
3	画标记、打线钉	后中缝、前止口线、扣眼位置、口袋位置、前后腰节线、袖肘线、袖中点、下摆贴边线画标记、打线钉	△
4	合　缝	后中缝（里、面）袖中缝（里、面）过面（衬里、过面）	○
5	整烫定型	后中缝（面）倒缝熨烫、袖中缝（面）分缝熨烫，后中缝（里）、袖中缝（里）预留眼皮倒缝熨烫	△
6	袋板面镶线明线	袋板面镶线按净线缉明线，明线宽 0.1cm，位置准确、线迹平直	○
7	勾袋板	按袋板里净线缝合袋板（里、面）	○
8	袋板整烫定型	修剪缝份 0.5cm 用袋板工艺样板翻整定型扣倒熨烫，注意止口正吐	△
9	袋板口袋	用工艺样板标注袋板位置然后缉缝、开袋，口袋位置准确、左右对称	○
10	袋板口袋布	袋板口袋布与袋板缝合	○
11	口袋布包缝	将缝合后的袋板口袋布锁边	●
12	袋板封结	袋板两端封结左右对称、线迹清晰，封口处无皱褶	○
13	整烫袋板	整烫袋板口袋注意整烫垫烫布	△
14	黏纤条	按左右片前止口净线位置平黏纤条	△
15	止口镶线明线	按大身正面止口净线位置镶线缉明线 0.1cm	○
16	订商标	后片衬里后领中点向下 3cm 缉缝商标，明线宽 0.1cm	○
17	缝合肩缝	缉缝左右肩缝（里、面），注意前、后肩吃量	○
18	肩缝整烫定型	分缝熨烫大身肩缝，倒缝熨烫衬里肩缝，注意衬里预留眼皮	△
19	袖口折边镶线明线	按袖口折边净线缉缝镶线，明线宽 0.1cm，明线位置准确、线迹清晰	○

（续表）

20	绱袖口折边	按袖口折边净线缝合袖口折边与袖片	○
21	整烫定型	分缝熨烫袖口贴边	△
22	绱袖子	对位袖窿线与袖山线，前后袖窿底点与前后袖围点对位、肩点与袖山顶点对位（里、面），注意袖山吃量	○
23	整烫定型	倒缝熨烫袖窿缝道（里、面），衬里倒缝注意眼皮	△
24	袖窿明线	大身袖窿倒缝缉缝明线，明线宽 0.1cm，线迹清晰	○
25	缝合侧缝	缝合大身侧缝（里、面）、袖侧缝（里、面），注意前后袖窿底点、前后腰节线、下摆贴边、袖口折边对位。衬里夹缝洗标自右侧腰节线裁口向下10cm	○
26	整烫定型	大身分缝熨烫、衬里倒缝熨烫，注意预留眼皮	○
27	缝合领里	按领里后中净线位置缝合	○
28	整烫定型	分缝整烫定型领里后中缝。分别归拔领里、领面的底口和外口，使其达到最佳效果	△
29	勾领子	按领里净线位置缝合领里、领面外口，注意领面吃量	○
30	整烫定型	修剪领外口缝份 0.5cm 翻整熨烫领面容量修剪领底口	△
31	勾止口	按过面净线勾止口，领口处预留 3cm	○
32	绱领子	领面与大身缝合、领里与过面缝合，分缝缝合预留止口部位，注意领底口标记与大身领口标记对位，后领中点与大身后中点、领侧标记与大身左右颈肩点对位	○
33	整烫定型	整烫左右领止口、大身止口、左右衣角、领子	△
34	勾袖口	将大身、衬里袖口勾缝，注意前后袖缝里面对位，并将袖口贴边用千鸟缝针法固定	○
35	勾底边	将衬里底边与大身底边勾缝，注意里、面侧缝对位，并将下摆贴边用千鸟缝针法固定	○
36	整烫定型	翻整袖口、大身整烫定型	△
37	缉　缝	将未缝合的大翻膛出口缉缝	○
38	锁　眼	按照扣眼标注位置锁眼	●
39	纽　扣	按照扣眼标注位置钉扣	●
40	检　验	按照检验标准检验外套成衣各部件	
41	熨烫、定型	将缝制好的外套整烫，重要位置：止口、底摆、领子、袖口折边，注意熨烫时垫烫布	△
42	包　装	打吊牌、包装提袋	△

三、外套缝制工序流程图（图6-4）

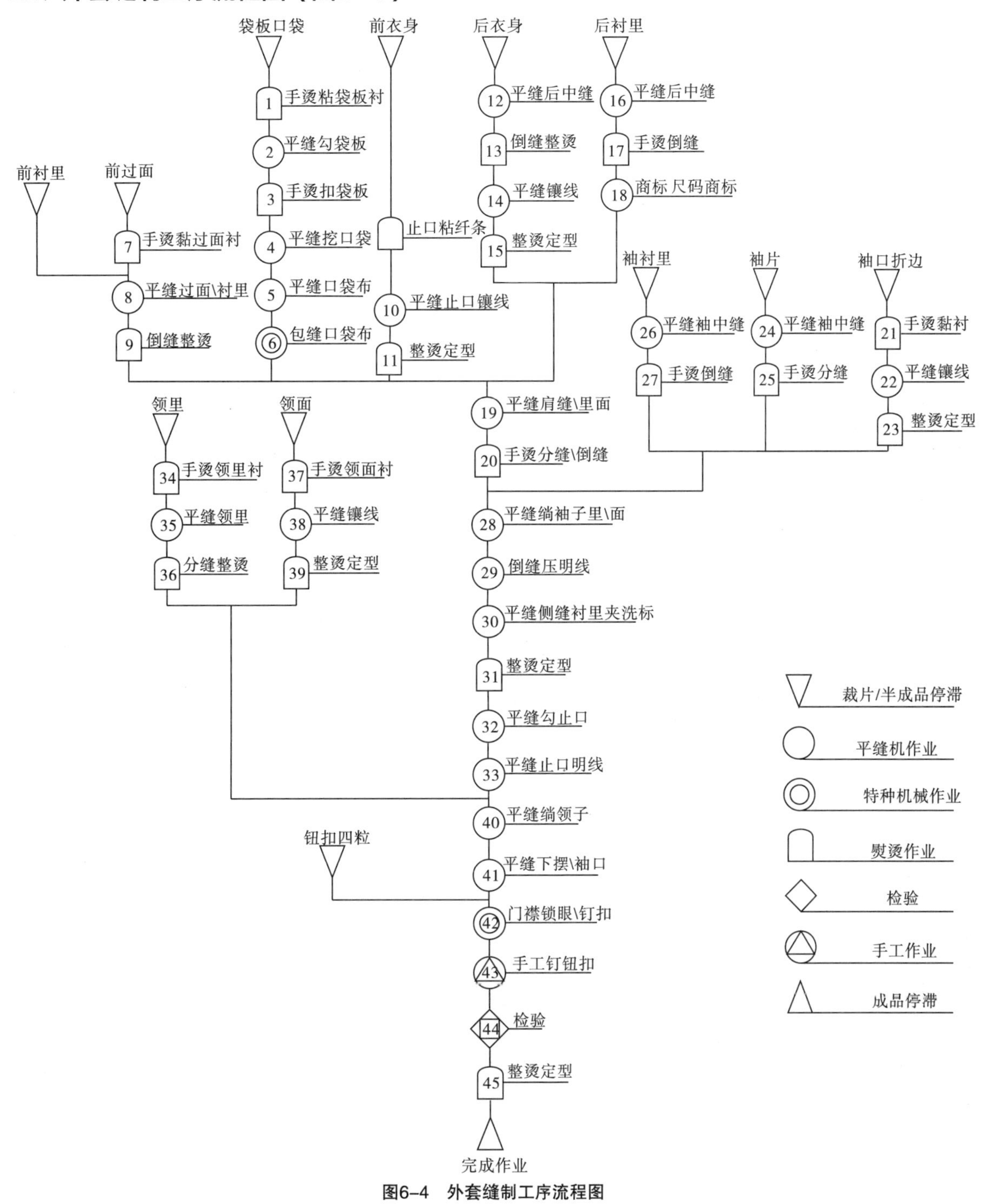

图6-4 外套缝制工序流程图

思考题：

1. 样衣试制包括哪些要求？
2. 样衣试制包括哪些程序？
3. 样衣缝制工艺包括哪些内容？
4. 样衣检验标准包括哪几方面？
5. 了解外套缝制工艺流程。

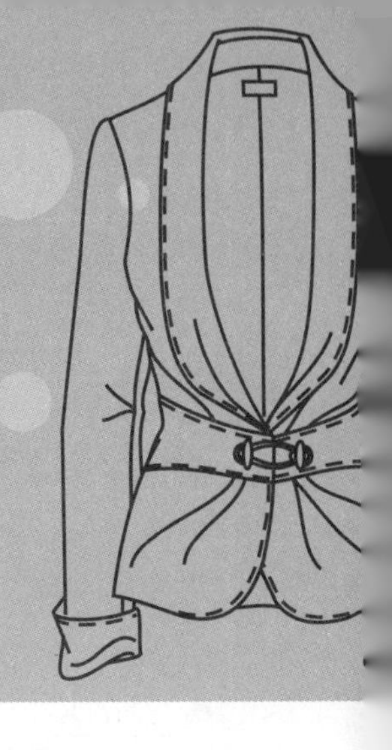

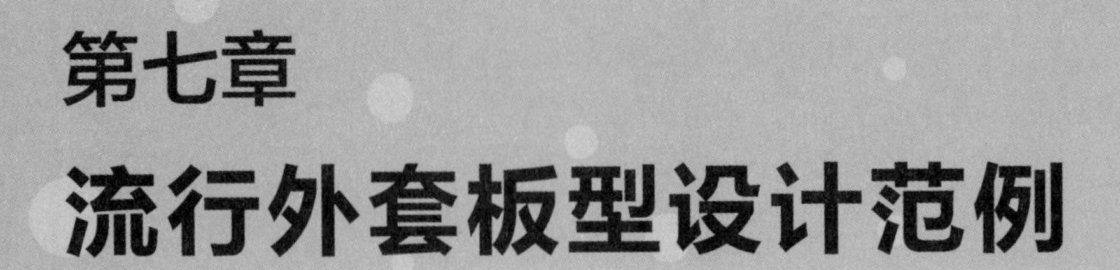

第七章
流行外套板型设计范例

范例一　百宝丽格呢外套

一、款式概述

百宝丽格呢外套采用半紧身型板型结构形式，胸围加放松量值 16cm，基础松量 12cm、追加松量 4cm。

款式：六开身、立领、双排 8 粒扣、两片连身袖、横开袋，袖襻、口袋盖、后中缝明线宽 0.5cm。主料：粗纺羊绒格呢；衬里：纯丝美丽绸。

二、产品设计说明（表7-1，表7-2）

表7-1　产品设计通知单

单位名称：*** 商场						设计：
产品名称：百宝丽格呢外套						审核：
产品编号：						客户确认：
产品号型规格：155/80A　5·4 系列						单位：cm

规格 / 部位	S	M	L	XL	XXL	XXXL	公差
	155/80	160/84	165/88	170/92			
衣　长	75	78	81	84			3
胸　围	96	100	104	108			4
背　长	37	38	39	40			1
袖　长	53	54.5	56	57.5			1.5
肩　宽	38	39	40	41			1
袖口宽	12	13	14	15			1
领　围	38	39	40	40			1
袖襻、腰带宽	4	4	4	4			
口袋盖宽	5	5	5	5			

（续表）

款式图：

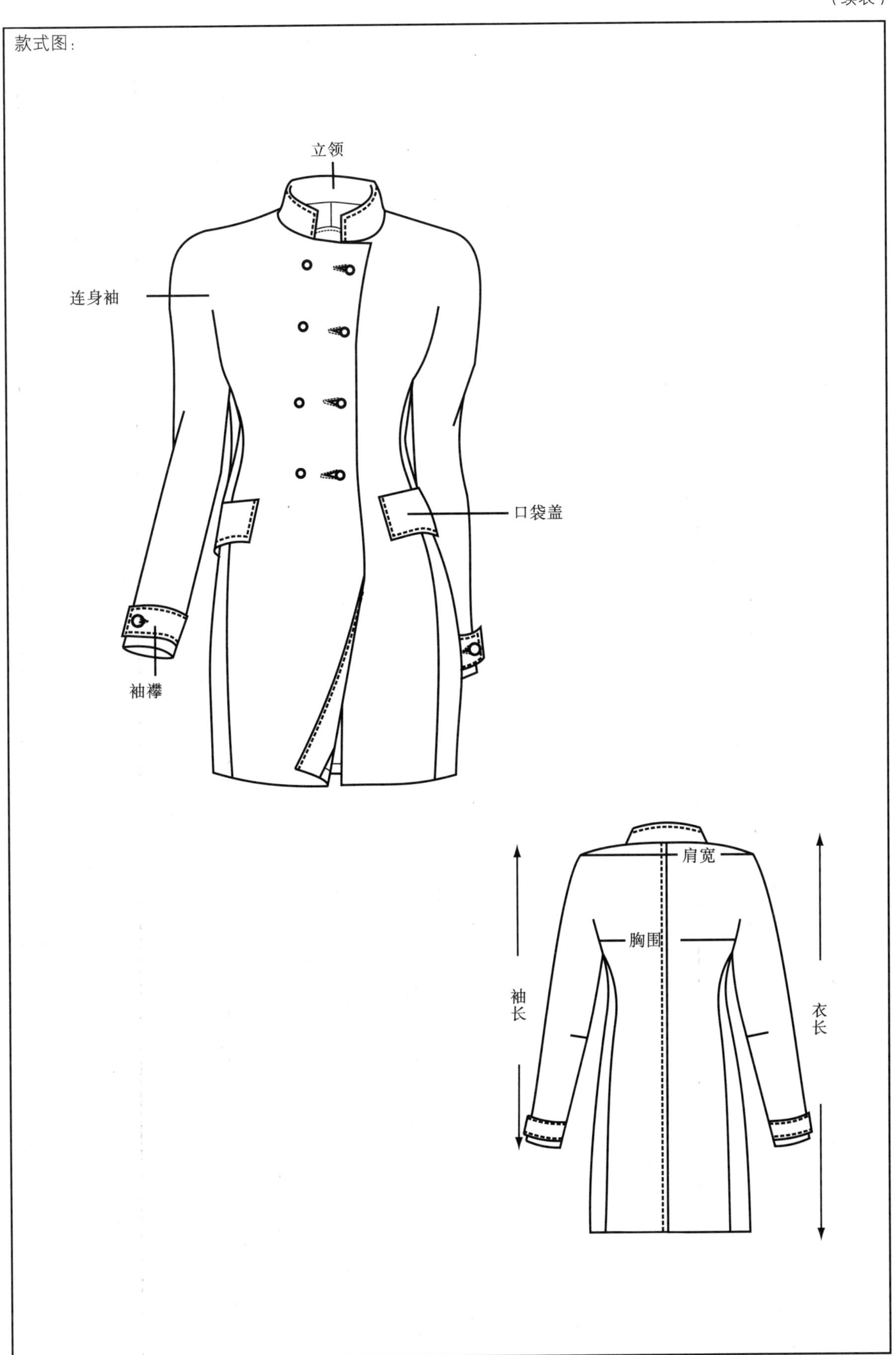

表7-2　样衣试制通知单

单位名称：*** 商场							设计：
产品名称：百宝丽格呢外套							审核：
产品编号：							客户确认：
产品号型规格：155/80A　5·4 系列							
规格 部位	S	M	L	XL	XXL	XXXL	公差
	155/80	160/84	165/88	170/92			
衣　长	75	78	81	84			3
胸　围	96	100	104	108			4
背　长	37	38	39	40			1
袖　长	53	54.5	56	57.5			1.5
肩　宽	38	39	40	41			1
袖口宽	12	13	14	15			1
领　围	38	39	40	40			1
袖襻、腰带宽	4	4	4	4			
口袋盖宽	5	5	5	5			

样衣材料说明：

主料：粗纺羊绒格呢。材料、染料必须符合国家环保检验标准。面料长、宽回缩率 3%。

里料：与面料同色真丝平纹里子绸。材料、染料必须符合国家环保检验标准。面料长、宽回缩率 5%

配件：有机镶钻时装扣 8 粒。

商标：1 个，客供。

洗涤标：1 个，客供。

缝制工艺要求：

1. 针距：主料 15 ~ 18 针 /3cm、衬里 18 ~ 21/3cm。
2. 缝份：肩缝、侧缝、前后袖缝、后中缝、止口缝份 1.5cm，袖襻、口袋盖缝份宽 1cm，下摆折边 4cm，袖口折边 3cm。
3. 黏衬：前胸、领里、袖口、口袋盖均黏有纺衬。
4. 缝制：袖襻、口袋盖、后中缝、立领缉缝明线宽 0.5cm，其余部位均不见明线。

商标、包装要求：

1. 商标：衬里后领中下 3cm。
2. 洗涤标：衬里左侧缝腰节线下向前 10cm。
3. 包装：立体吊带包装。

备注：成衣规格数据以“cm”为单位。

三、板型结构设计

前衣身(图 7-1)

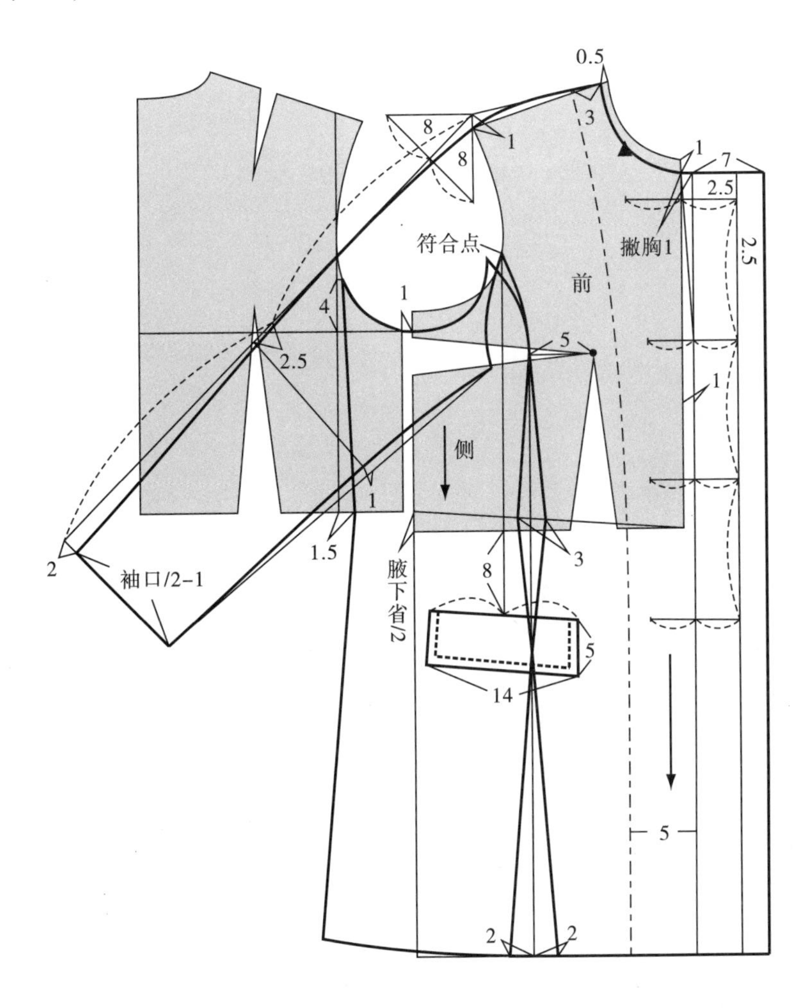

图7-1　百宝丽格呢外套前衣身板型结构图

立领(图 7-2)

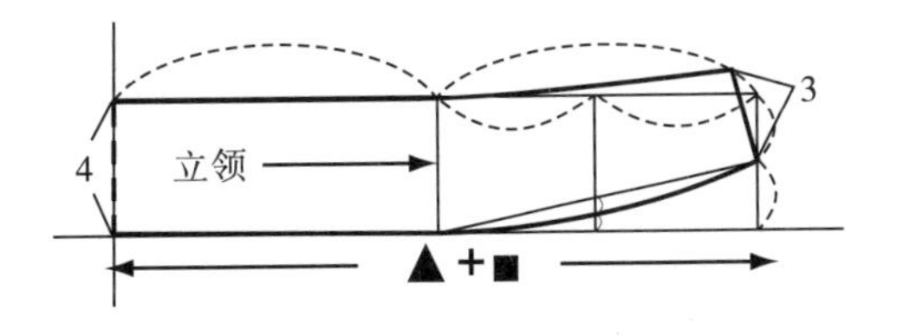

图7-2　百宝丽格呢外套立领板型结构图

开线(图 7–3)

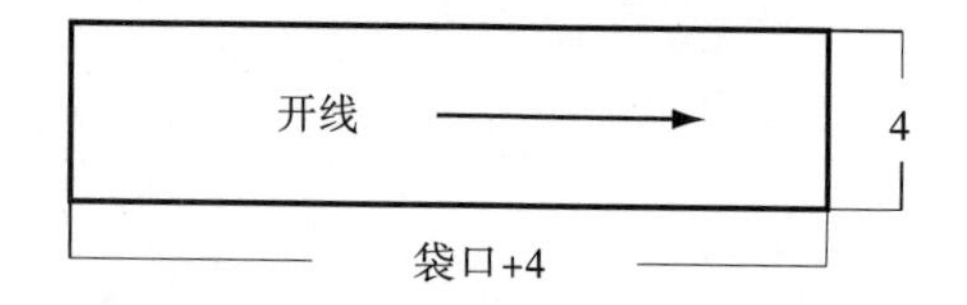

图7–3 百宝丽格呢外套开线板型结构图

后衣身(图 7–4)

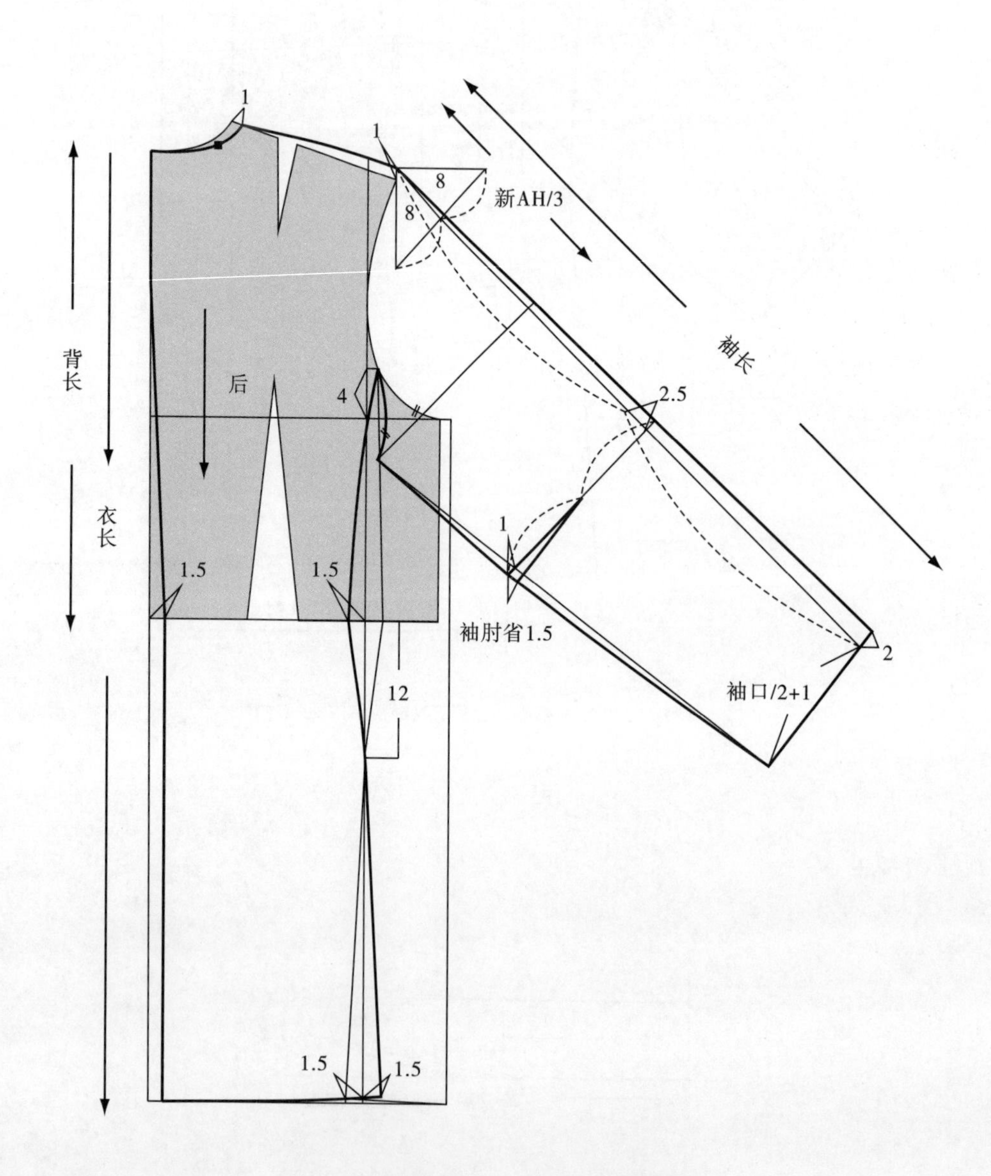

图7–4 百宝丽格呢外套后衣身板型结构图

袖襻(图 7–5)

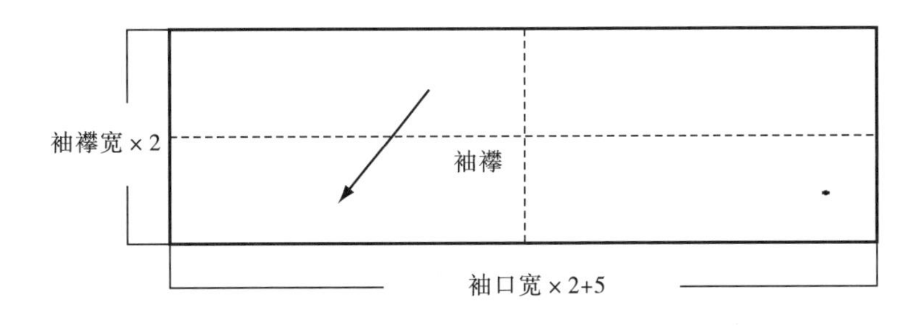

图7–5　百宝丽格呢外套袖襻板型结构图

四、工业样板

主料、衬里、辅料部件缝份、折边及裁片统计。

缝份：前后领口弧线、前后袖窿弧线、前后肩缝袖中缝、前后外侧缝、前后袖缝、后中缝、过面、止口、领面、领里 1.5cm。

折边：主料下摆、袖口折边 4cm，衬里下摆袖、口折边 3cm。

裁片统计(表 7–3)。

表7–3　裁片统计

单位：片

部件名称	前片	后片	袖襻	领面	领里	过面	口袋盖
主　料	4	2	2	1	2	2	4
衬　里	4	2	4				
辅料衬	2		2	1	2	2	4
工艺样板	1		1	1		1	1

主料工业样板(图 7–6)

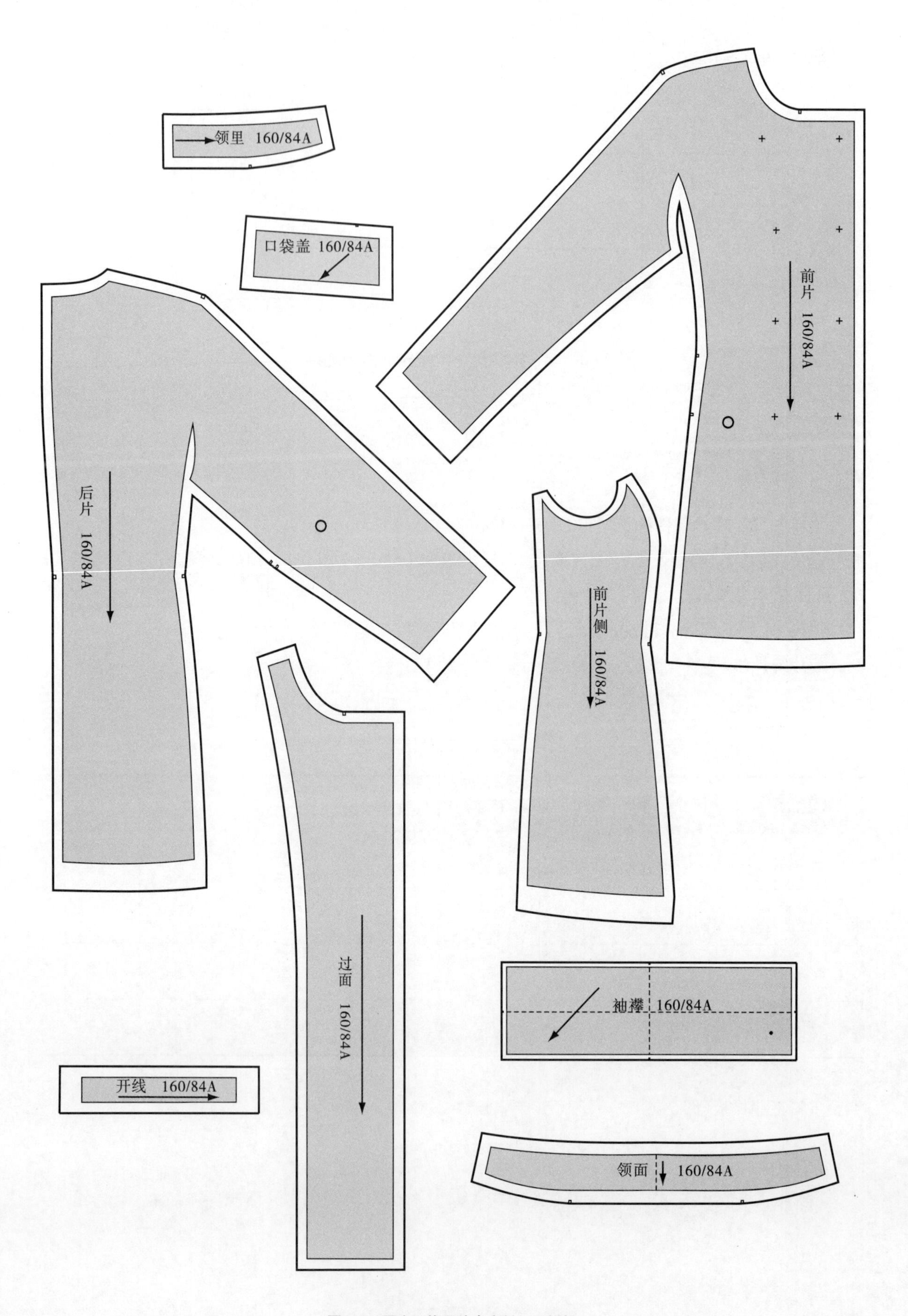

图7-6 百宝丽格呢外套主料工业样板

衬里工业样板(图 7-7)

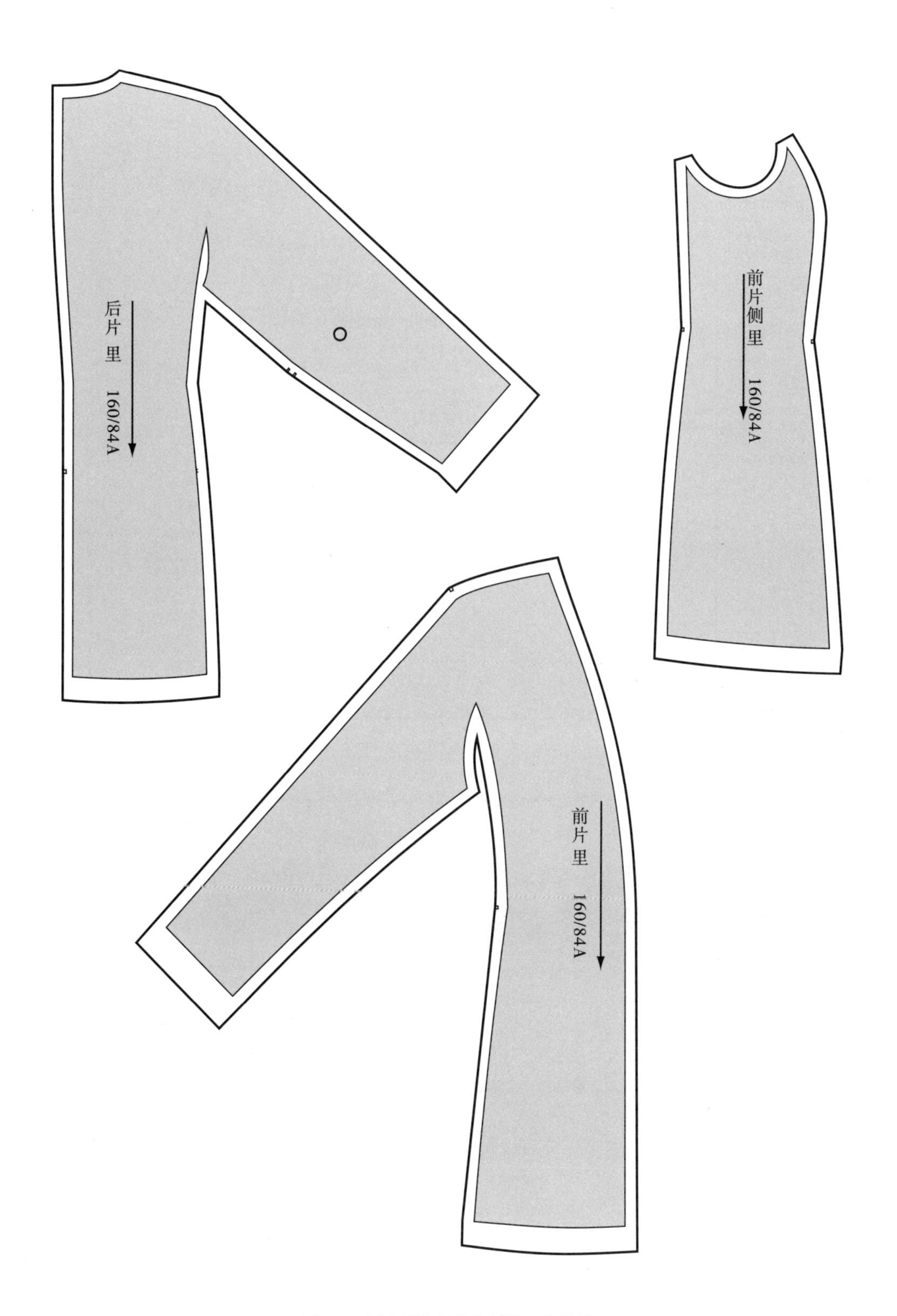

图7-7　百宝丽格呢外套衬里工业样板

辅料工业样板(图 7-8)

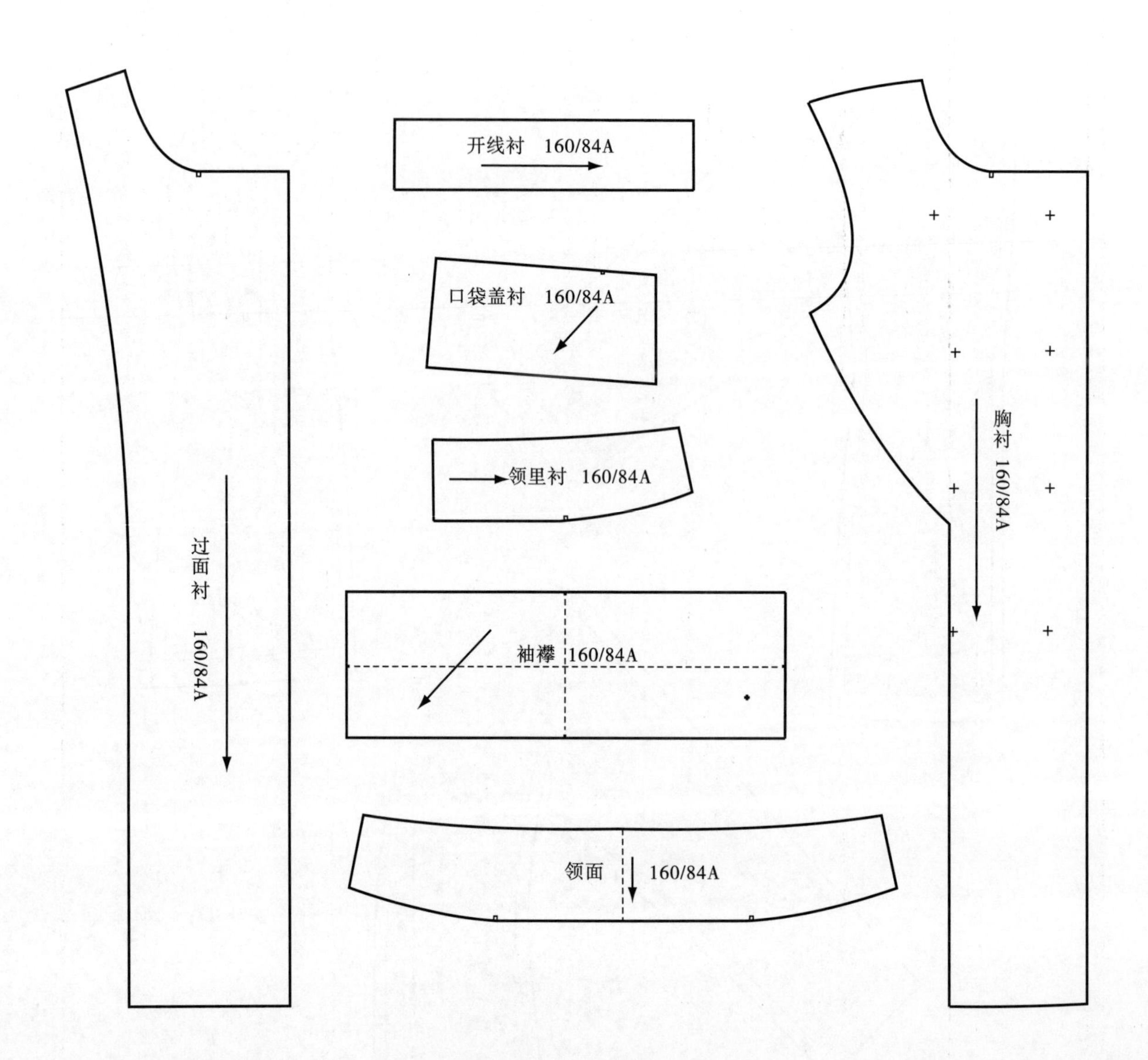

图7-8 百宝丽格呢外套辅料工业样板

工艺样板(图 7–9)

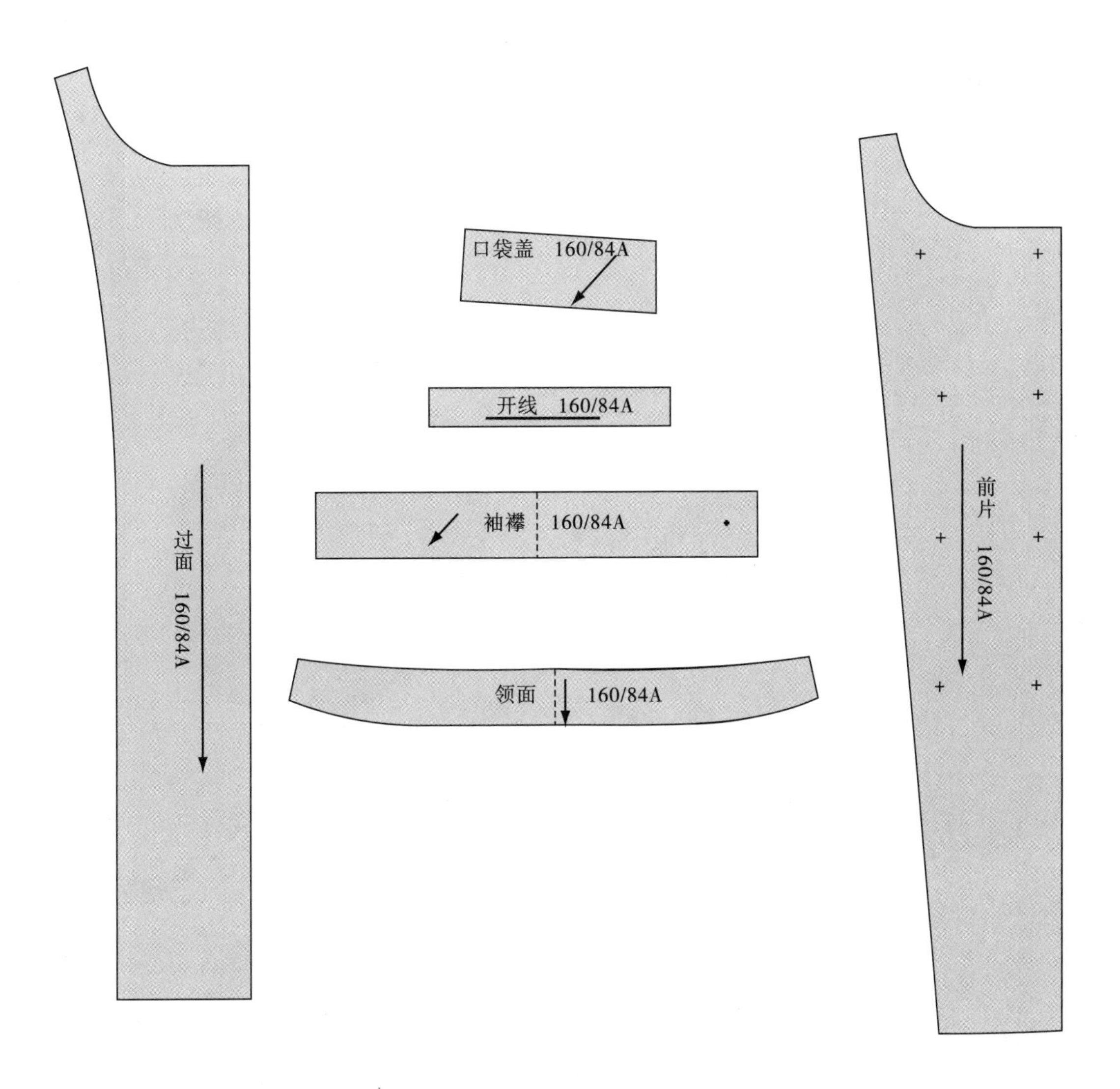

图7–9　百宝丽格呢外套工艺样板

五、工业系列样板

主料工业系列样板(图 7–10)

工业系列样板制作方法细则见第四章第三节。

衬里、辅料工业系列样板制作方法与主料相同,在此不作赘述。

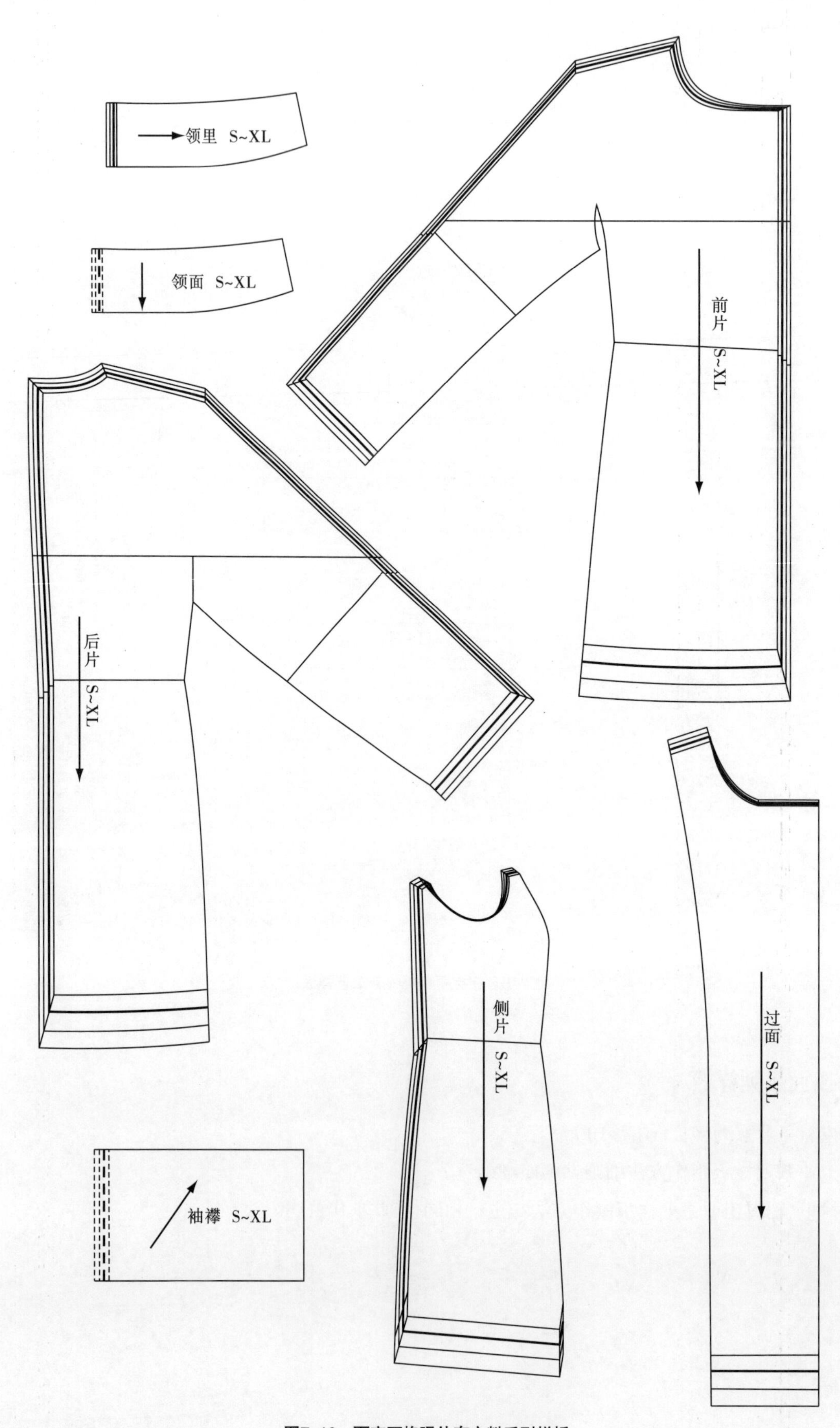

图7-10 百宝丽格呢外套主料系列样板

六、排料图

M、L号主料套排：幅宽140cm、段长375cm（图7-11）。

衬里、辅料排料方法与主料相同，在此不作赘述。

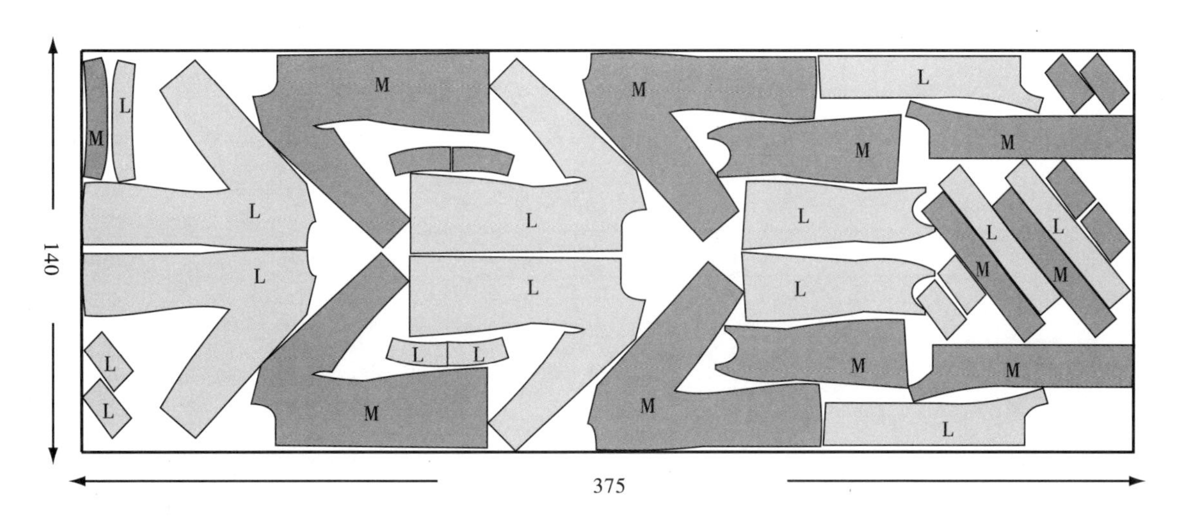

图7-11　百宝丽格呢外套双号套排排料图

范例二　紧身型小外套

一、款式概述

这是一款胸围加放松量小于基础放量的紧身型板型结构形式。首先，胸围加放松量12cm，基础原型腋下省分解至领口调整袖隆开度确认紧身型六开身板型结构形式，由于后中线、侧缝线调整胸腰结构使得胸围加放松量值缩减4cm，实际胸围松量8cm满足紧身型板型结构的要求。

款式：驳口领、单排一粒扣、横开袋盖口袋、肩泡袖。主料：纯毛女式呢，衬里：纯丝美丽绸。

二、产品设计说明(表7-4,表7-5)

表7-4 板型设计通知单

单位名称：*** 商场							设计：
产品名称：紧身型小外套							审核：
产品编号：							客户确认：
产品号型规格：155/80A 5·4系列							单位：cm
规格	S	M	L	XL	XXL	XXXL	公差
部位	155/80	160/84	165/88	170/92			
衣　长	55	57	59	61			2
胸　围	90	94	98	102			4
背　长	37	38	39	40			1
袖　长	52	53.5	55	56.5			1.5
肩　宽	38	39	40	41			1
袖口宽	12	12	13	13			1
口袋盖宽	4	4	4	4			

款式图：

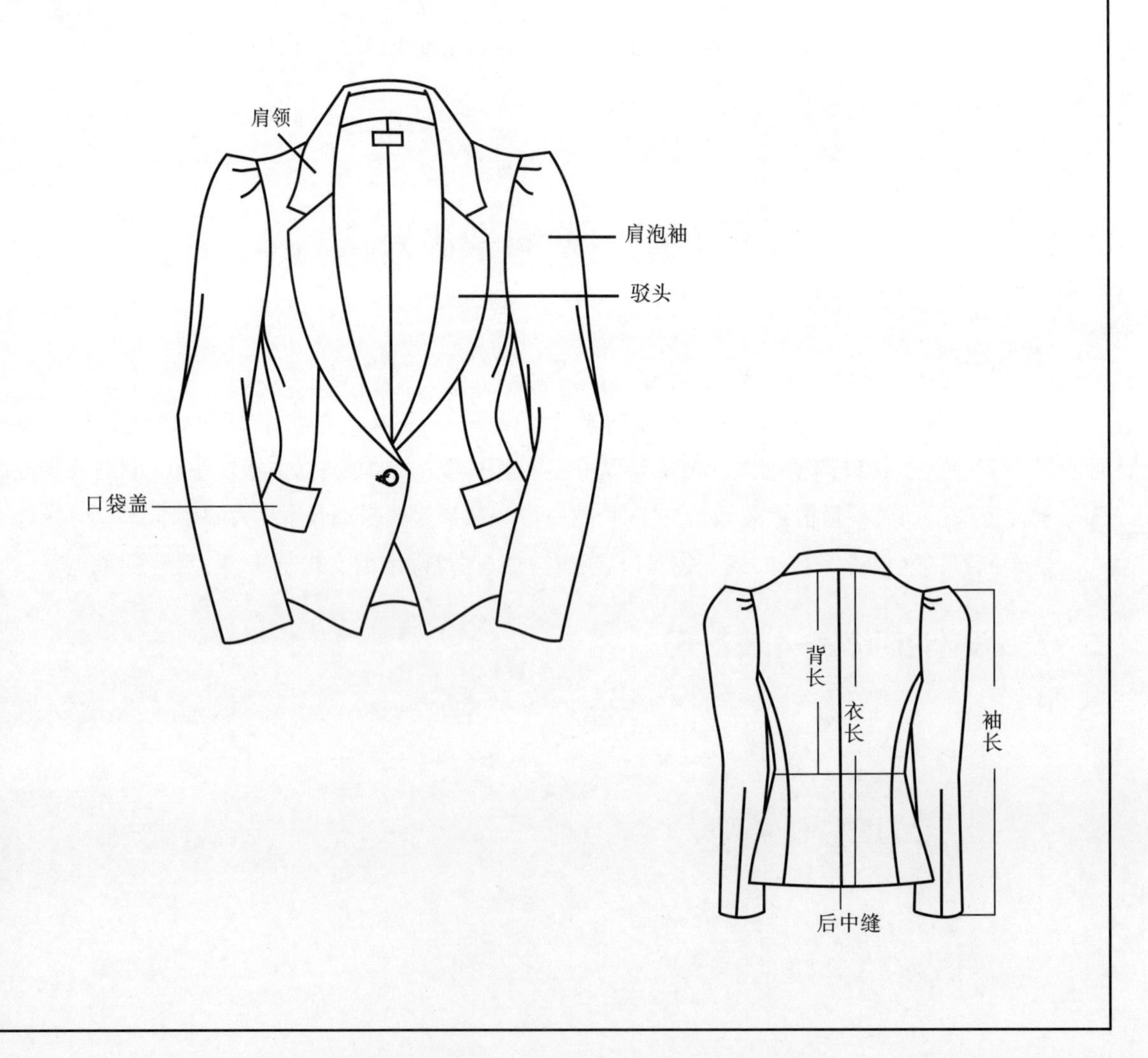

表7-5　样衣试制通知单

单位名称：*** 商场	设计：
产品名称：紧身型小外套	审核：
产品编号：	客户确认：
产品号型规格：155/80A　5·4 系列	单位：cm

部位＼规格	S	M	L	XL	XXL	XXXL	公差
	155/80	160/84	165/88	170/92			
衣　长	55	57	59	61			2
胸　围	90	94	98	102			4
背　长	37	38	39	40			1
袖　长	52	53.5	55	56.5			1.5
肩　宽	38	39	40	41			1
袖口宽	12	12	13	13			1
口袋盖宽	4	4	4	4			

样衣材料说明：

主料：纯毛女式呢。材料、染料必须符合国家环保检验标准。面料长、宽回缩率 3%。

里料：与面料同色真丝平纹里子绸。材料、染料必须符合国家环保检验标准。面料长、宽回缩率 5%。

配件：有机镶钻时装扣 1 粒。

商标：1 个，客供。

洗涤标：1 个，客供。

缝制工艺要求：

1. 针距：主料 16 ～ 19 针 /3cm、衬里 18 ～ 21/3cm。
2. 缝份：肩缝、侧缝、袖缝、后中缝、止口缝份、口袋盖缝份宽 1.5cm，下摆折边 4cm，袖口折边 3cm。
3. 黏衬：前胸、领里、过面、领面、口袋盖均黏有纺衬。
4. 缝制：肩部垫肩高 1cm。

商标、包装要求：

1. 商标：衬里后领中下 3cm。
2. 洗涤标：衬里左侧缝腰节线下向前 10cm。
3. 包装：立体吊带包装。

备注：成衣规格数据以"cm"为单位。

三、板型结构设计

前衣身(图 7–12)

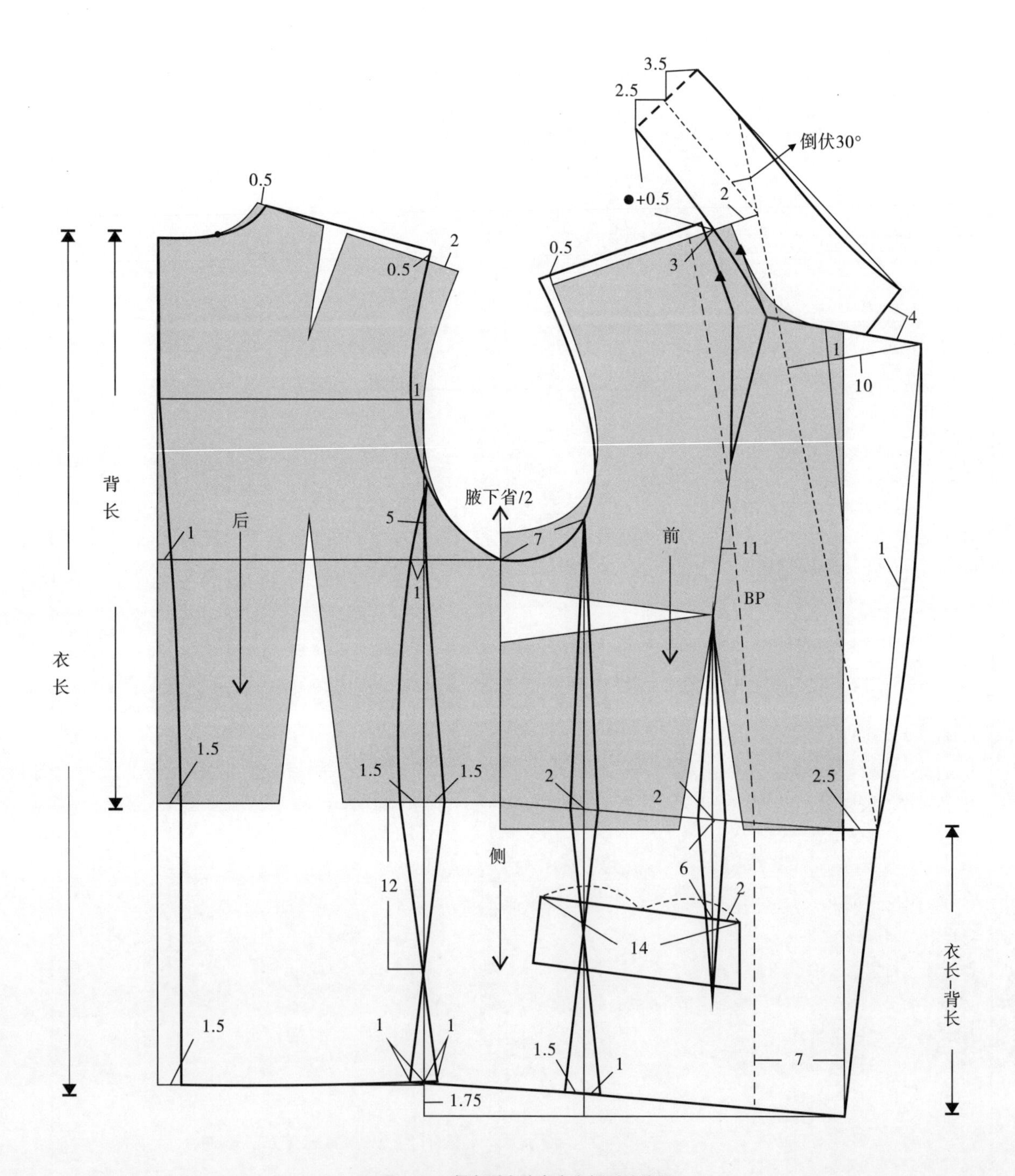

图7–12 紧身型小外套衣身板型结构图

肩泡袖(图 7-13)

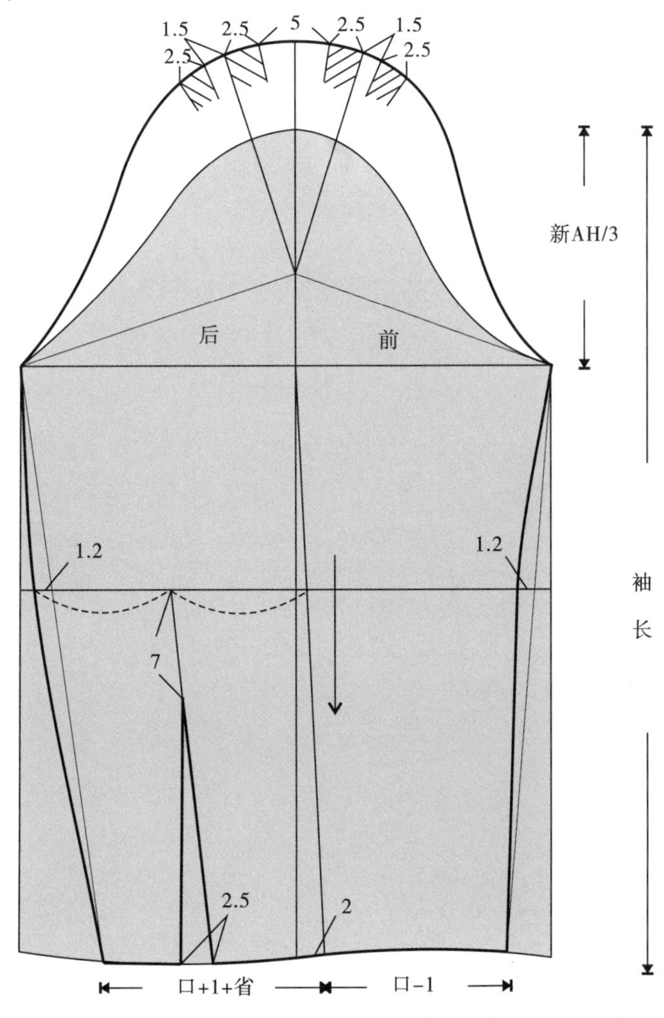

图7-13　紧身型小外套肩泡袖板型结构图

四、工业样板

主料、衬里、辅料部件缝份、折边及裁片统计。

缝份:前后领口弧线、前后袖窿弧线、袖山弧线、前后肩缝、前后外侧缝、前后袖缝、后中缝、过面缝份 1cm,衣身止口、过面止口、领面、领里 1.5cm。

折边:主料下摆折边 4cm,衬里下摆折边 3cm。

裁片统计(表 7-6)。

表7-6　裁片统计

单位:片

部件名称	前片	后片	袖片	领面	领里	过面	口袋盖
主　料	4	2	2	1	2	2	4
衬　里	4	2	2				
辅料衬	2			1	2	2	2
工艺样板				1	1	1	1

主料工业样板(图 7–14)

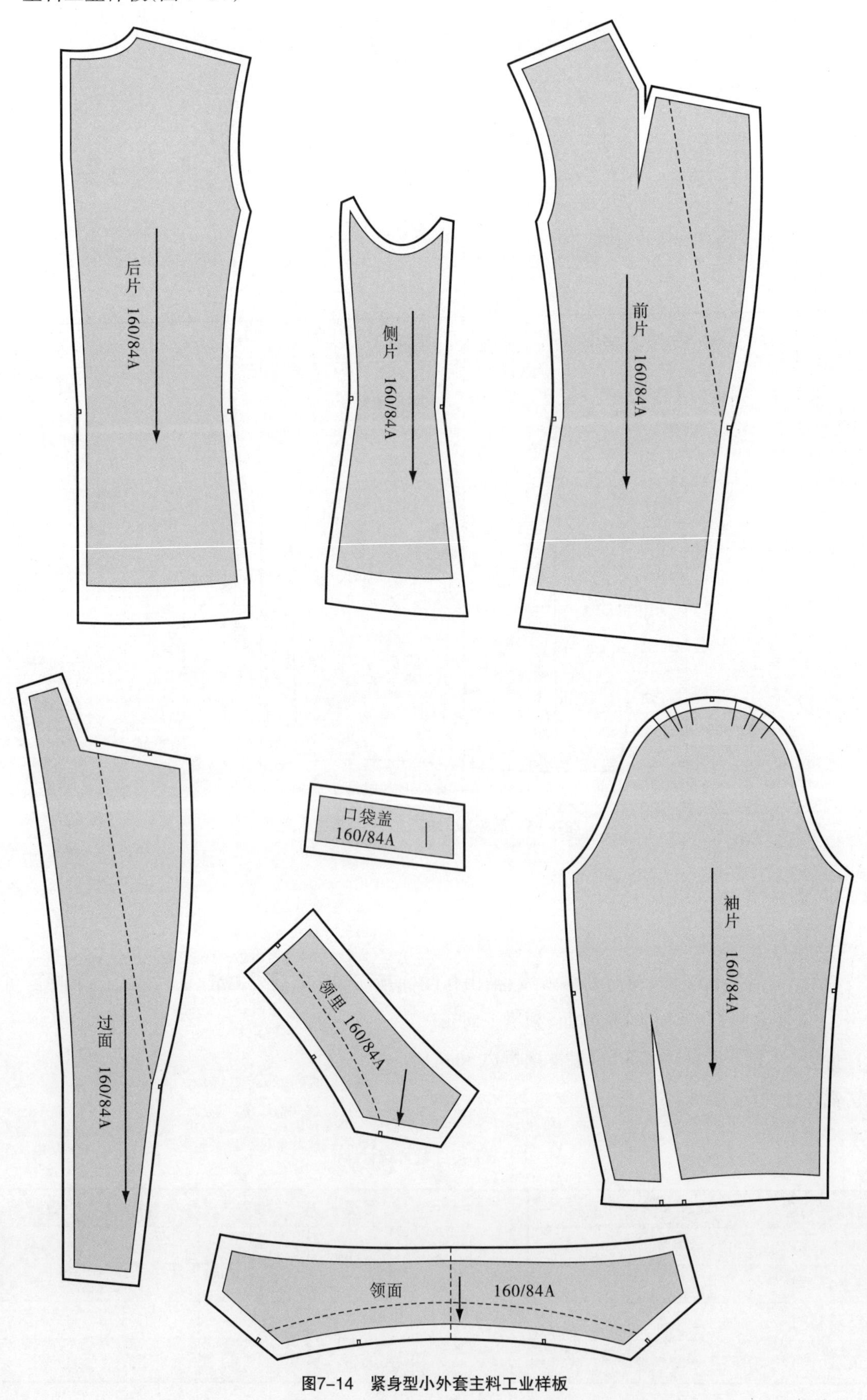

图7–14 紧身型小外套主料工业样板

衬里工业样板(图 7-15)

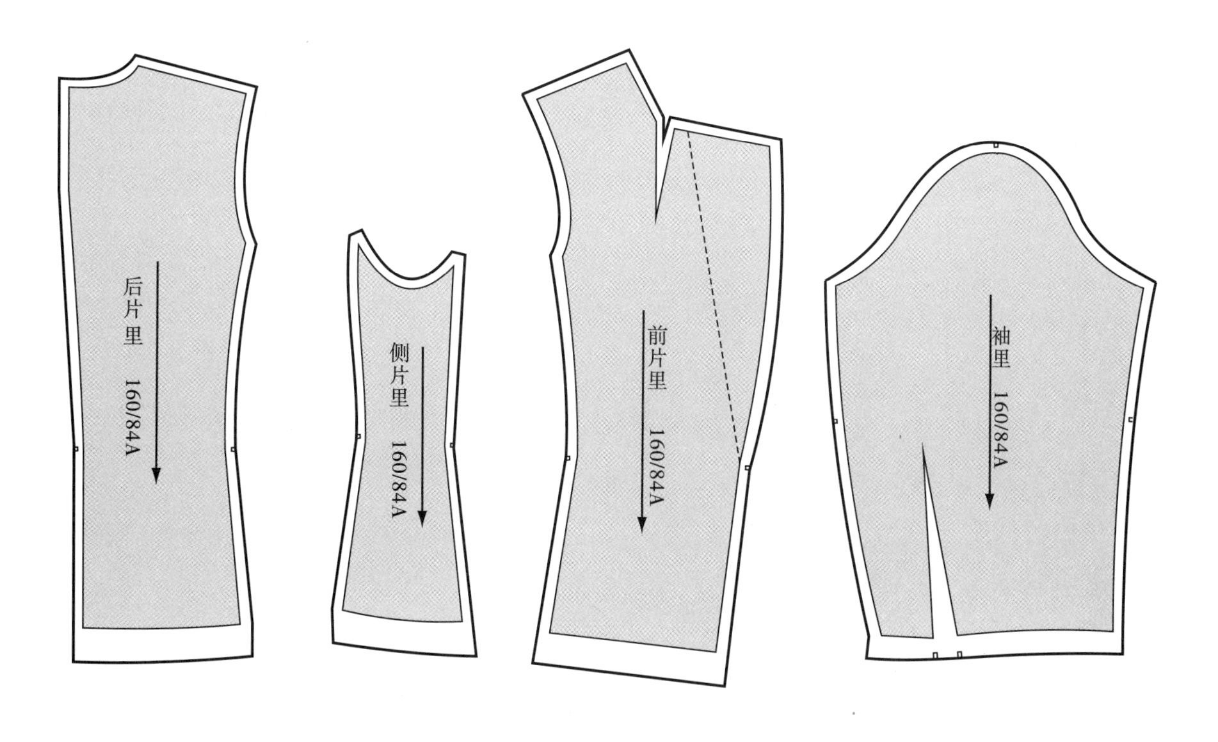

图7-15　紧身型小外套衬里工业样板

辅料工业样板(图 7-16)

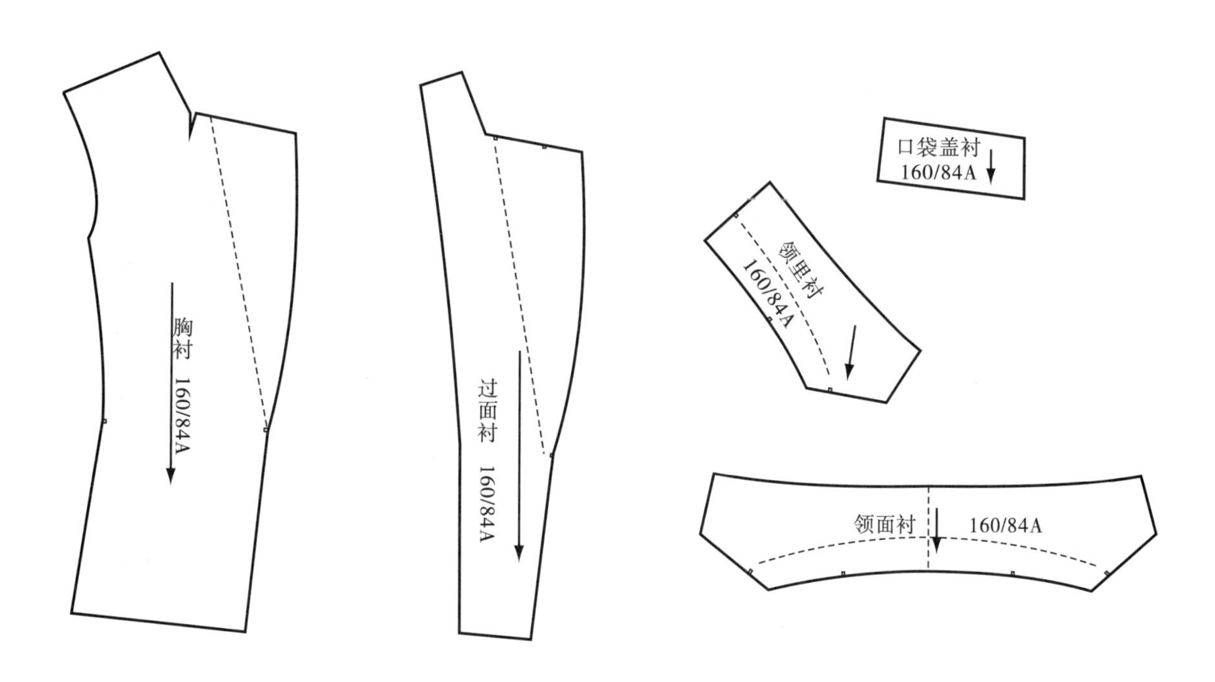

图7-16　紧身型小外套辅料工业样板

工艺样板(图 7-17)

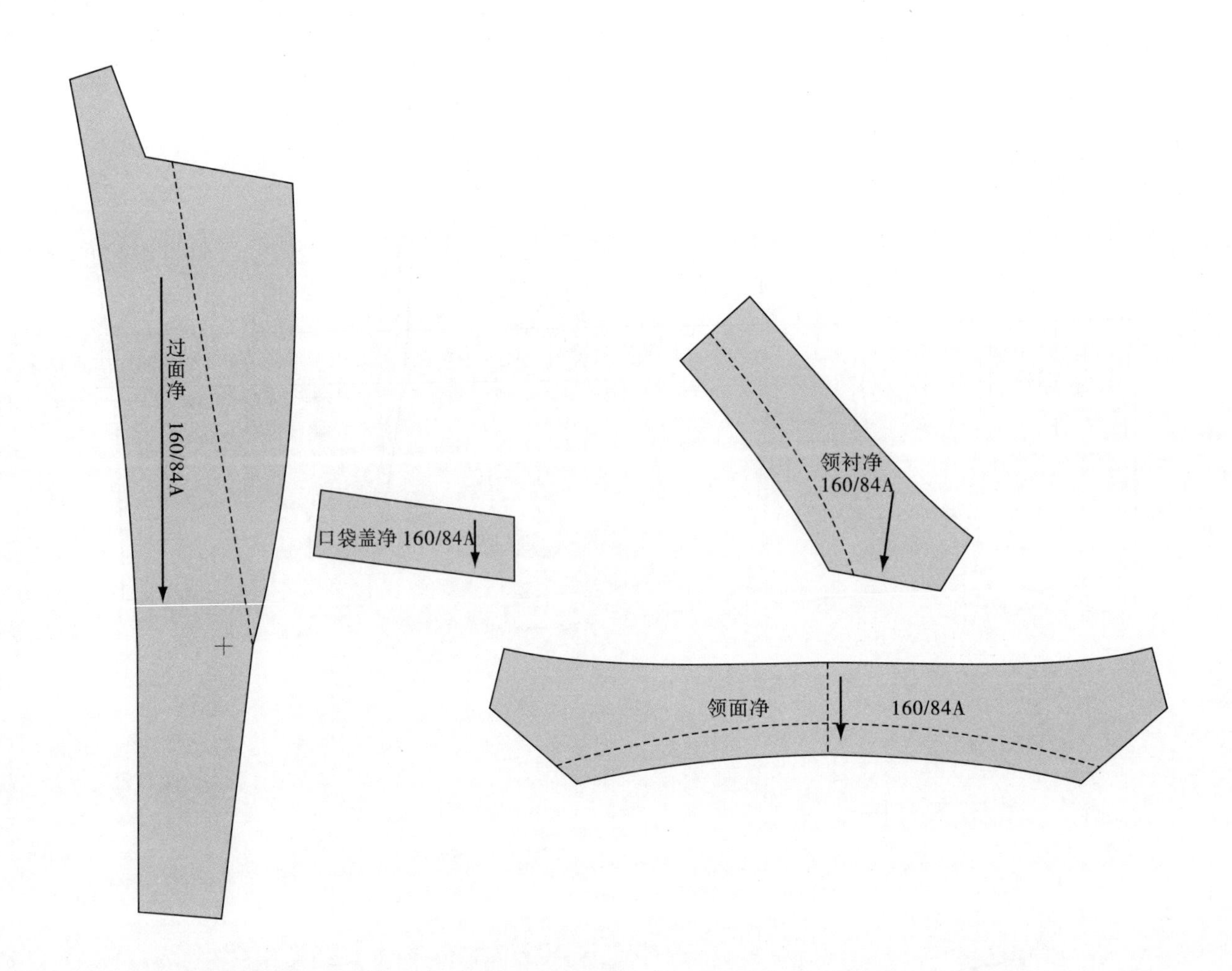

图7-17　紧身型小外套工艺样板

五、工业系列样板

主料系列样板(图 7-18)

工业系列样板制作方法细则见第四章第三节。

衬里、辅料工业系列样板制作方法与主料相同,在此不作赘述。

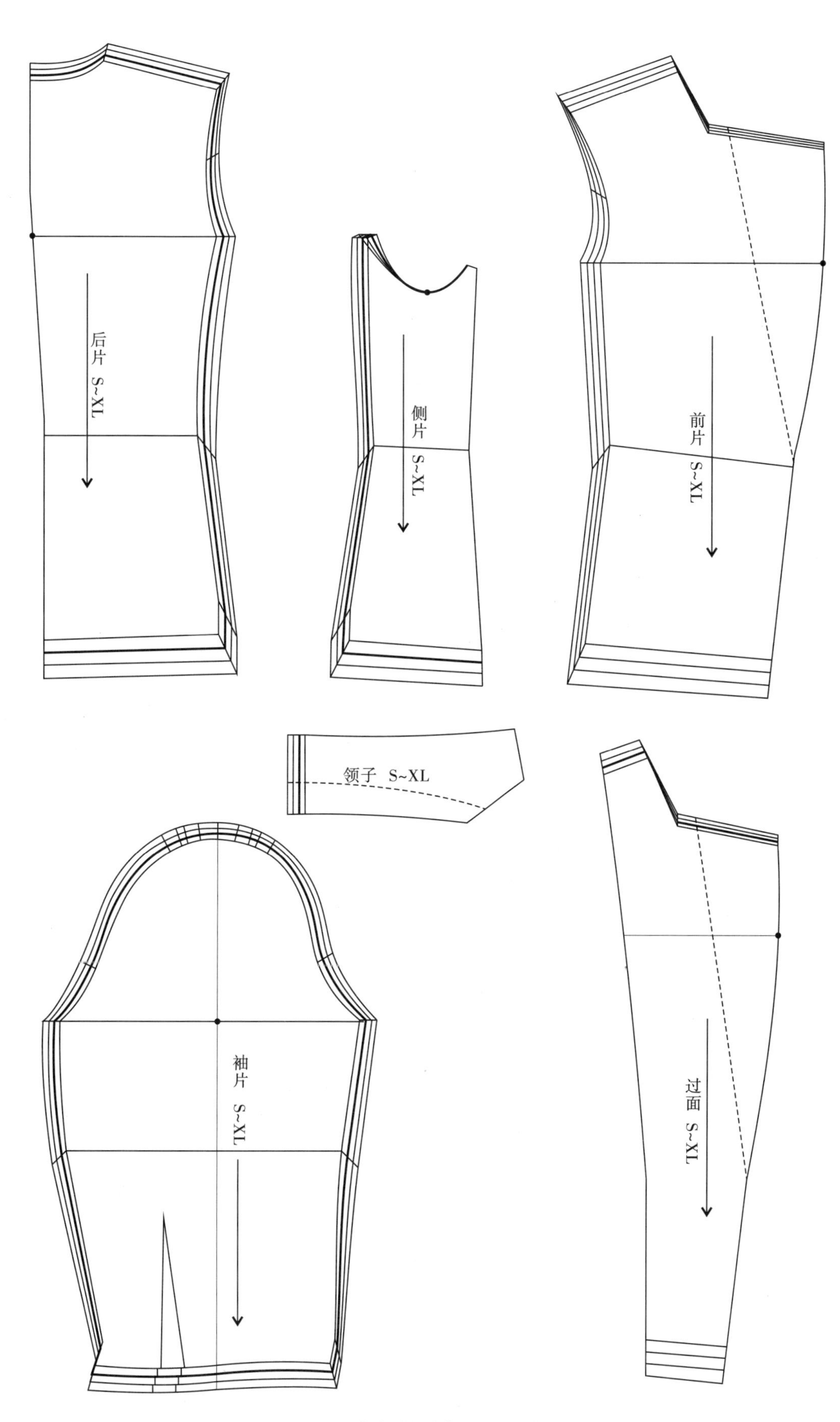

图7-18　紧身型小外套工业系列样板

六、排料图

M、L 型号主料套排：幅宽 140cm、段长 240cm（图 7-19）。

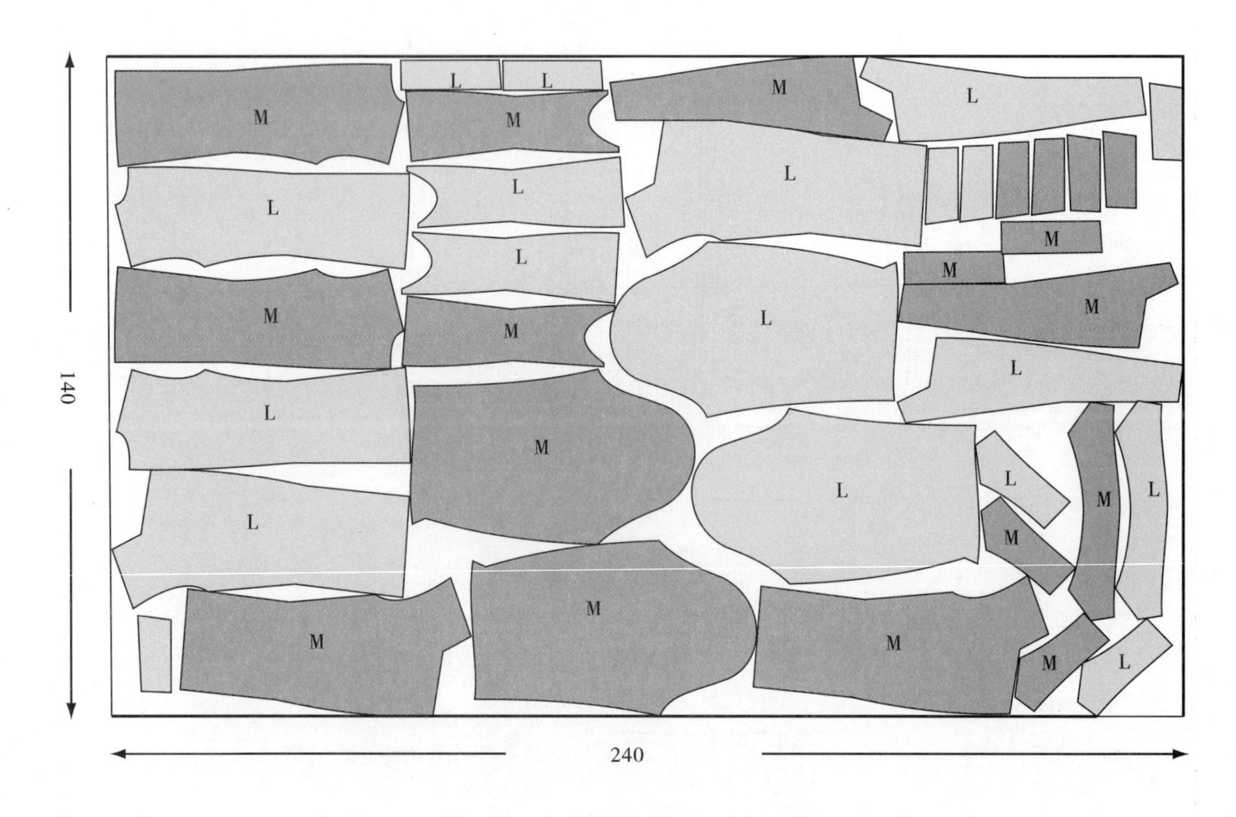

图7-19　紧身型小外套主料双号套排排料图

附录1 女装原型（制图比例1:5，单位：cm）

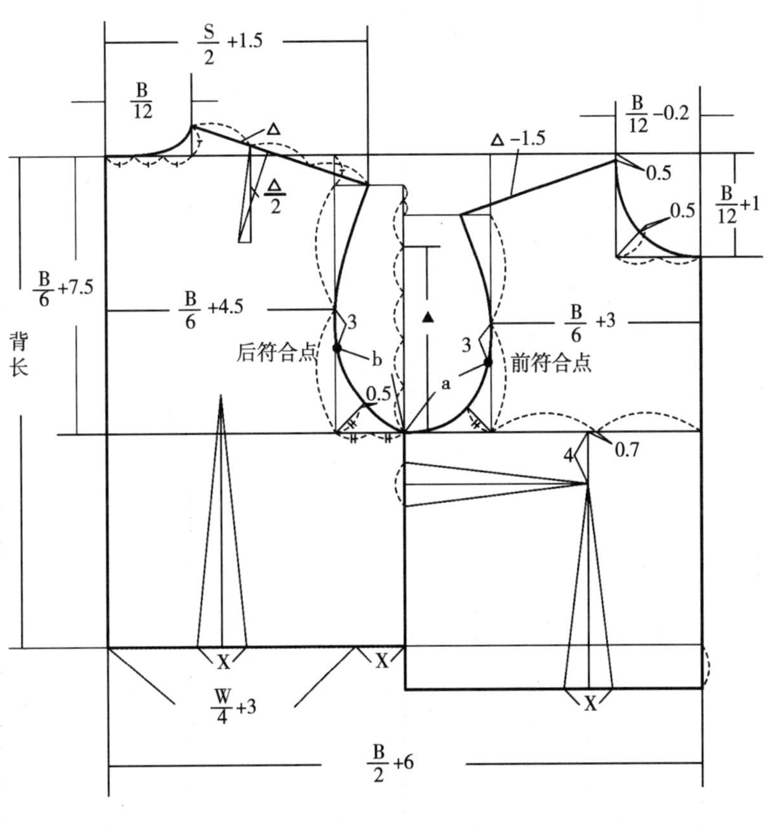

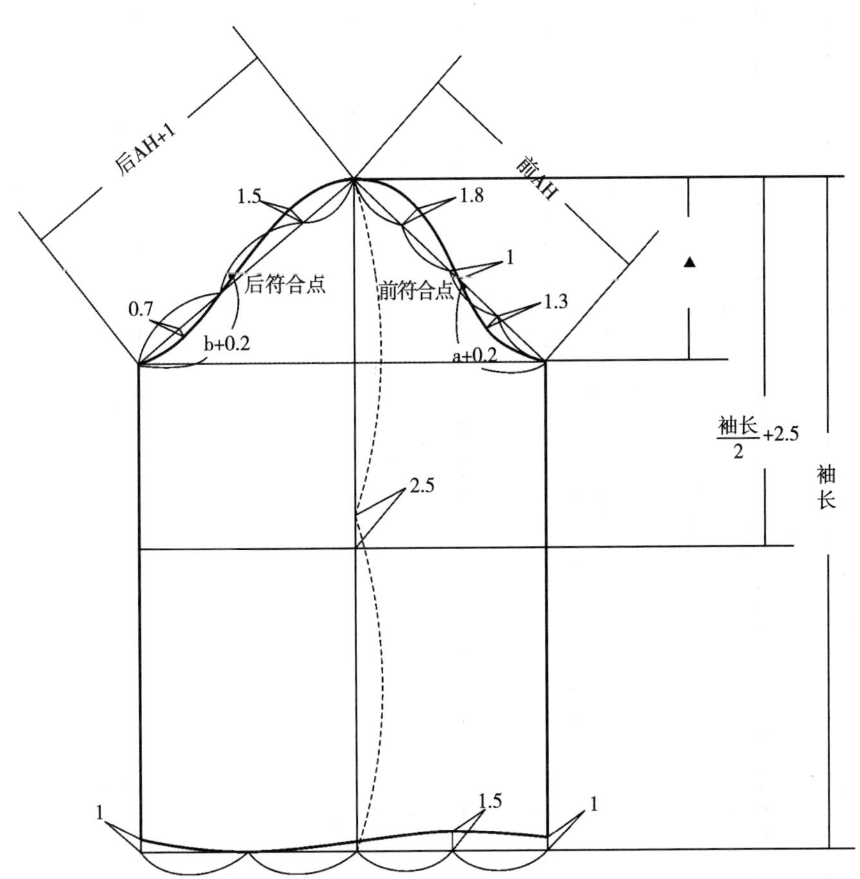

附录2 中国女性人体参考尺寸（女子5·4系列A体型，单位：cm）

部位＼号型	150/76	155/80	160/84	165/88	170/92
1. 胸围	76	80	84	88	92
2. 腰围	60	64	68	72	76
3. 臀围	82.8	86.4	90	93.6	97.2
4. 颈围	32	32.8	33.6	34.4	35.2
5. 上臂围	25	26.5	28	29.5	31
6. 腕围	14.4	15.2	16	16.8	17.6
7. 掌围	18	19	20	21	22
8. 头围	54	55	56	57	58
9. 肘围	22	23	24	25	26
10. 腋围	36	37	38	39	40
11. 身高	150	155	160	165	170
12. 颈椎点高	128	132	136	140	144
13. 坐姿颈椎点高	58.5	60.5	62.5	64.5	66.5
14. 前腰节	39	40	41	42	43
15. 背长	36	37	38	39	40
16. 全臂长	47.5	49	50.5	52	53.5
17. 肩至肘	28	28.5	29	29.5	30
18. 腰至臀	16.8	17.4	18	18.6	19.2
19. 腰至膝	55.2	57	58.8	60.6	62.4
20. 腰围高	92	95	98	101	104
21. 股上长	23.4	24.2	25	25.8	26.6
22. 肩宽	37.4	38.4	39.4	40.4	41.4
23. 胸宽	31.6	32.8	34	35.2	36.4
24. 背宽	32.6	33.6	35	36.2	37.4
25. 乳间距	15.4	16.2	17	17.8	18.6

附录3　常用服装制图符号

序号	名　称	符　　号	说　　明
1	制成线		粗实线：表示完成线，是纸样制成后的实际边际线 粗虚线：表示连裁纸样的折线
2	辅助线		细实线：是制图的辅助线，对制图起引导作用
3	等分线		线段被等分成两段或多段
4	尺寸替代符号	○ △ ▲ □ ◎	图中以相同符号标示相等尺寸
5	直角		表示在此处两线呈 90° 角
6	重叠	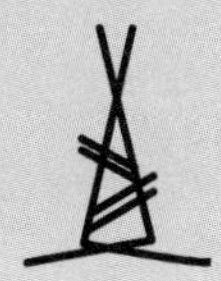	表示此处为纸样相交重叠的部位
7	剪切		剪切箭头所指向需要剪切的部位
8	合并	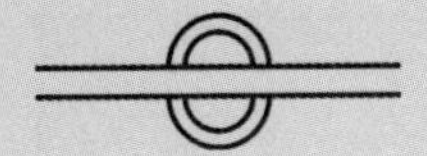	表示两片纸样相合并、整形
9	尺寸标注线	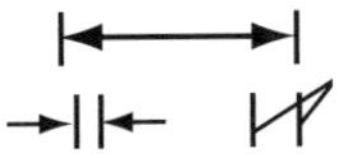	用以标注长度或距离的辅助线
10	内轮廓线		细虚线：表示衬里、内袋等的轮廓线
11	贴边线		粗点划线：表示衣片贴边、过面、驳领的翻折不可裁开或需折转的线条
12	省略符号		表示省略长度

附录4 常用服装工艺符号

序号	名 称	符 号	说 明
1	布纹线（经向线）		表示面料的经向
2	倒顺线		纸样中的箭头与毛绒面料的毛向一致或图案的正向一致
3	省		表示省的位置和形状
4	活褶	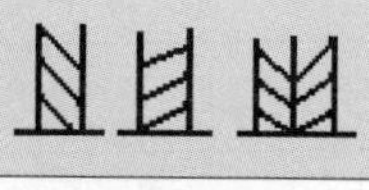	表示活褶的位置和形状
5	缩褶	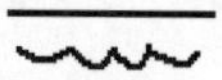	表示此处需缩缝
6	拔开		标示需用熨斗将缺量拔开的位置
7	归拢		标示需用熨斗将余量归拢的位置
8	对位	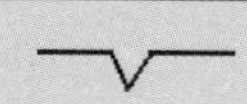 或 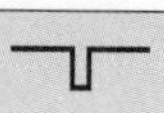	表示衣片缝合时相吻合的位置
9	明线		表示明线的位置和特征(针/cm)
10	锁眼位	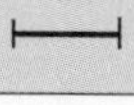	纽眼的位置
11	钉扣位		纽扣的位置
12	正面标记		表示材料的正面
13	反面标记		表示材料的反面
14	对条	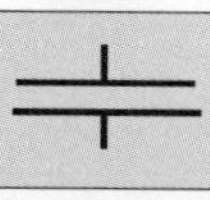	表示此处需要对条
15	对格	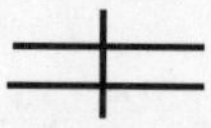	表示此处需要对格
16	对花		表示此处需要对花
17	净样号		表示不带有缝份的纸样
18	毛样号	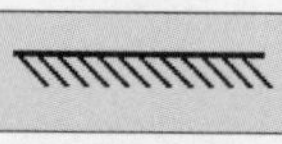	表示带有缝份的纸样
19	拉链	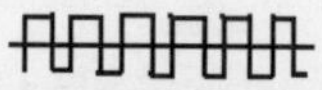	表示此处装有拉链
20	花边		表示此处饰有花边
21	罗纹标记		表示此处有罗纹，常用在领口和袖口处

附录5　服装常见部位简称

简称	英文名称	中文名称
B	Bust	胸围
UB	Under Bust	乳下围(又称中胸围)
W	Waist	腰围
MH	Middle Hip	腹围
H	Hip	臀围
BL	Bust Line	胸围线
MBL	Middle Bust line	中胸线
WL	Waist Line	腰围线
MHL	Middle Hip Line	腹围线
HL	Hip Line	臀围线
EL	Elbow Line	肘围线
KL	Knee Line	膝围线
AC	Across Chest	胸宽
AB	Across Back	背宽
AH	Arm Hole	袖窿弧长
SNP	Side Neck Point	侧颈点
BNP	Back Neck Point	后颈点
FNP	Front Neck Point	前颈点
SP	Shoulder Point	肩端点
S	Shoulder	肩宽
BP	Bust Point	胸点
HS	Head Size	头围
CF	Centre Front	前中线
CB	Centre Back	后中线
SL	Sleeve Length	袖长
WS	Wrong Side	反面

附录6　服装部位中英文对照名称

1. Waist width relaxed/extended 腰围（放松测量 / 拉开测量）
2. Waistband height 腰头高
3. High hip 3" Below WB 上臀围（臀围以上 3" 不含腰头）
4. Low hip 7" Below WB 下臀围（腰下 7" 不含腰头）
5. Length from TOP of WB 裤长（含腰头）
6. Side seam length – Straight 侧缝直线长
   Outseam top WB 裤外长（含腰头）
   Outseam below WB 裤外长（不含腰头）
7. Inseam 裤内长
8. Front rise below WB 前裆（不含腰头）
   Front rise top WB 前裆（含腰头）
9. Back rise below WB 后裆（不含腰头）
   Back rise top WB 后裆（含腰头）
10. Thigh– 1" from crotch 大腿围 / 横裆（胯下 1"）
11. Knee 12" from crotch 膝围（胯下 12"）
12. Leg opening 裤口
13. Fly Front Opening 裤门襟开口
14. Pocket Bag Length/ Width 袋长 / 宽
15. Pocket Opening 袋开口
16. Back Length （后）衣长
17. Bust/Chest 胸围
18. Across Chest 胸宽
19. Across Back 背宽
20. Across Shoulder 肩宽
21. Shoulder Length 小肩宽
22. Back Waist Length 背长
23. Sleeve Length (From Shoulder) 袖长（从肩点起量）
24. Sleeve Length (From Side of Neck) 连袖长（含小肩宽）
25. Sleeve Length (From Center Back Neck) 肩袖长（从后颈中心起量）
26. Upper Arm 袖肥
27. Elbow Width 肘宽
28. Cuff (Relaxed/Extended) 袖口（放松测量 / 拉开测量）
29. Arm Hole 袖窿弧长
30. Neck Circumference (Relaxed/Extended) 领围（放松测量 / 拉开测量）
31. Neck Width 领宽
32. Neck Drop 领深
33. Sweep 下摆
34. Hood Height 帽高
35. Hood Height 帽高

注：WB 即 waistband

参考文献

[1] 焦佩林 . 服装平面制板[M]. 北京:高等教育出版社,2003
[2] 刘瑞璞 . 服装纸样设计原理与技巧(女装编)[M] 北京:中国纺织出版社,2005
[3] 张文斌 . 服装工艺学:结构设计分册[M]. 北京:中国纺织出版社,2001
[4] 戴鸿 . 服装号型标准及其应用[M]. 北京:中国纺织出版社,2001
[5] 孙颇 . 服装制图[M]. 北京:中国纺织出版社,1995
[6] 刘国联 . 成衣生产技术管理[M]. 北京:高等教育出版社,2003
[7] 姚再生 . 服装工艺与制作[M]. 北京:高等教育出版社 .2003